软件设计师
真题及模考卷精析
（适用机考）

主　编　薛大龙　邹月平

副主编　杨亚菲　黄树嘉

中国水利水电出版社
www.waterpub.com.cn
·北京·

内 容 提 要

自软件设计师第5版考试大纲发布以来，由于新版考纲相较于旧版考纲变化较大，配套发布的第5版新教材与原版教材的内容也有了巨大变化。这就导致历年真题、练习题等题目，无法适用于当前备考。

本书各试卷中的题目，一部分是作者在结合历年考试大数据分析、第5版大纲新增或发生变化的内容、机考特点、自身丰富授课经验全新设计的题目，另有一部分题目尽管源自历年考试真题，但全部严格根据第5版考试大纲及教程进行了针对性修正。因此，本书全部题目完全适用于考生备考使用，完全不必担心新旧大纲及教程内容变化所带来的疑虑。本书所有的题目均配有深入解析及答案。本书解析力图通过考点把复习内容延伸到所涉知识面，同时力图以严谨而清晰的讲解让同学们真正理解知识点。希望本书能够极大地提高同学们的备考效率。

本书可作为考生备考软件设计师考试的学习资料，也可供相关培训班使用。

图书在版编目（CIP）数据

软件设计师真题及模考卷精析 : 适用机考 / 薛大龙, 邹月平主编. -- 北京 : 中国水利水电出版社, 2025. 5.
ISBN 978-7-5226-3513-2

Ⅰ. TP311.5-44

中国国家版本馆CIP数据核字第2025BP6089号

责任编辑：周春元　　　加工编辑：杨继东　　　封面设计：李　佳

书　　名	软件设计师真题及模考卷精析（适用机考） RUANJIAN SHEJISHI ZHENTI JI MOKAOJUAN JINGXI（SHIYONG JIKAO）
作　　者	主　编　薛大龙　邹月平 副主编　杨亚菲　黄树嘉
出版发行	中国水利水电出版社 （北京市海淀区玉渊潭南路1号D座　100038） 网址：www.waterpub.com.cn E-mail：mchannel@263.net（答疑） 　　　　sales@mwr.gov.cn 电话：（010）68545888（营销中心）、82562819（组稿）
经　　售	北京科水图书销售有限公司 电话：（010）68545874、63202643 全国各地新华书店和相关出版物销售网点
排　　版	北京万水电子信息有限公司
印　　刷	三河市鑫金马印装有限公司
规　　格	184mm×240mm　16开本　12.75印张　326千字
版　　次	2025年5月第1版　2025年5月第1次印刷
印　　数	0001—3000册
定　　价	48.00元

凡购买我社图书，如有缺页、倒页、脱页的，本社营销中心负责调换

版权所有·侵权必究

编 委 会

主　　任：薛大龙

副主任：兰帅辉　唐　徽

委　　员：刘开向　胡　强　朱　宇　杨亚菲

　　　　　施　游　孙烈阳　张　珂　何鹏涛

　　　　　王建平　艾教春　王跃利　李志生

　　　　　吴芳茜　胡晓萍　刘　伟　邹月平

　　　　　马利永　王开景　韩　玉　周钰淮

　　　　　罗春华　刘松森　陈　健　黄俊玲

　　　　　顾　玲　姜美荣　王　红　赵德端

　　　　　涂承烨　余成鸿　贾瑜辉　上官绪阳

　　　　　黄树嘉

机考说明及模拟考试平台

一、机考说明

按照《2023年下半年计算机技术与软件专业技术资格（水平）考试有关工作调整的通告》，自2023年下半年起，计算机软件资格考试方式均由纸笔考试改革为计算机化考试。

根据《2024年计算机技术与软件专业技术资格（水平）考试工作安排及有关事项的通知》（计考办〔2024〕1号）文件，考试形式安排如下：

考试采取科目连考、分批次考试的方式，第一个科目节余的时长可为第二个科目使用。

高级资格：综合知识和案例分析两个科目连考，作答总时长240分钟，综合知识科目最长作答时长150分钟，最短作答时长120分钟，综合知识科目交卷成功后，选择不参加案例分析科目考试的可以离开考场，选择继续作答案例分析科目的，考试结束前60分钟可以交卷离场。论文科目考试时长120分钟，不得提前交卷离场。

初、中级资格：基础知识和应用技术两个科目连考，作答总时长240分钟，基础知识科目考试最长作答时长120分钟，最短作答时长90分钟，选择不参加应用技术科目考试的考生开考120分钟后可以交卷离场，选择继续作答应用技术科目的，考试结束前60分钟可以交卷离场。

二、官方模拟考试平台入门及登录方法

根据过往经验，模考平台通常是在考前20天左右才开放，且只针对报考成功的考生开放所报考的科目的界面，具体以官方通知为准。

1. 官方模拟考试平台系统操作流程

（1）考生报名成功后，通过电脑端进入 https://bm.ruankao.org.cn/sign/welcome。

（2）单击"模拟练习平台"，如下图所示。

（3）登录进去后，下载模考系统进行安装。安装完成后打开模考系统，然后输入考生报名时获得的账号和密码，系统会自动配对所报名的专业，接着选择要练习的试卷后单击"确定"按钮，如下图所示。

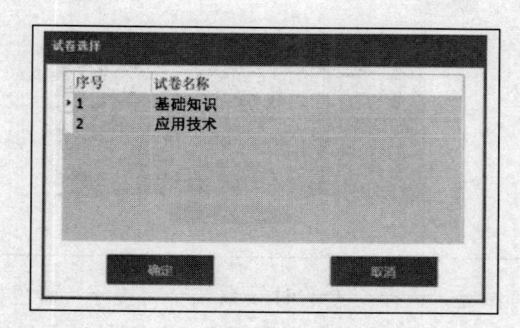

（4）登录后输入模拟准考证号和模拟证件号码。模拟准考证号为11111111111111（14个1），模拟证件号码为111111111111111111（18个1）。输入完成后单击"登录"按钮进入确认登录界面，如下图所示。

（5）登录完成后进入等待开考界面。这段时间考生需认真阅读《考场规则》和《操作指南》。阅读完毕后，单击"我已阅读"按钮，机考系统将在开考时间到达时自动跳转至作答界面。

（6）作答完闭后进行交卷。

交卷。在允许提前交卷的时间范围内，若应试人员决定提前结束作答，可点击屏幕上方的"交卷"按钮，结束答题。若有未作答的试题，机考系统将提示未作答题目数量。考生可返回作答界面继续作答或确认交卷。

交卷确认。应试人员确认交卷后，系统进入作答确认界面，将在30秒内以图片方式显示作答结果。若记录正常，应试人员应单击"确认正常并交卷"按钮交卷，确认后将不能再返回作答界面，请务必慎重，以免误操作。交卷成功后系统显示如下图所示。

如果碰到有些题目没有做完，选择交卷的时候系统会有提示（蓝色标记表示已经完成，橙色标记表示未完成），这个时候如果时间充足，最好不要提交，而是进入未完成题目继续作答。

2. 软考模拟平台试题界面介绍

试题界面上方为标题栏，左侧为题号栏，右侧为试题栏。标题栏从左到右，依次显示应试人员基本信息、本场考试名称（具体以正式考试为准）、考试科目名称、机位号、考试剩余时间、"交卷"按钮。**题号栏显示试题序号及试题作答状态，白色背景表示未作答，蓝色背景表示已作答，橙色背景表示当前正在作答，三角形符号表示题目被标记**。试题栏显示题目、作答区域及系统功能。

综合知识卷的试题栏如下图所示。

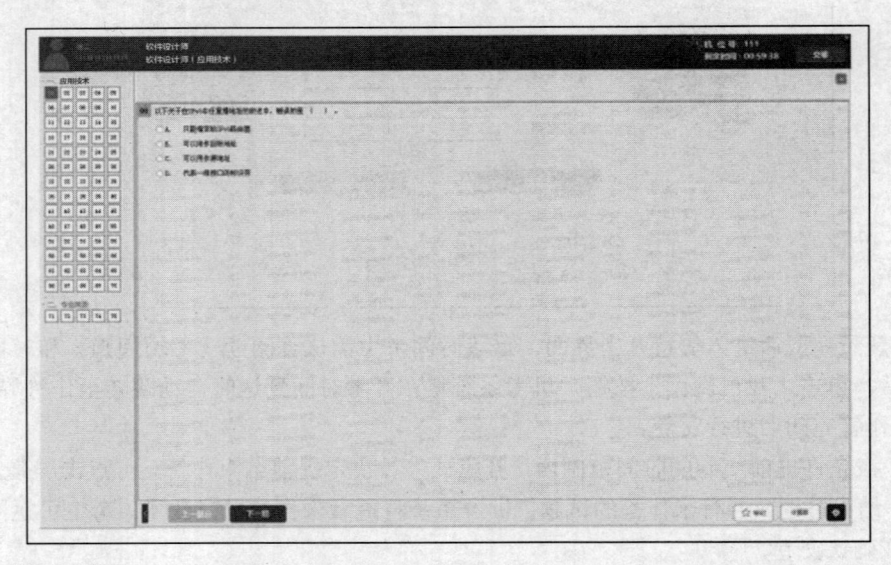

案例分析卷和论文卷的答题栏还会有一些单独的功能键，比如画图、计算器、输入法（根据考点不同，有些考点有十多种，最基本的输入法有微软拼音、极点五笔、搜狗拼音）。具体如下图所示。

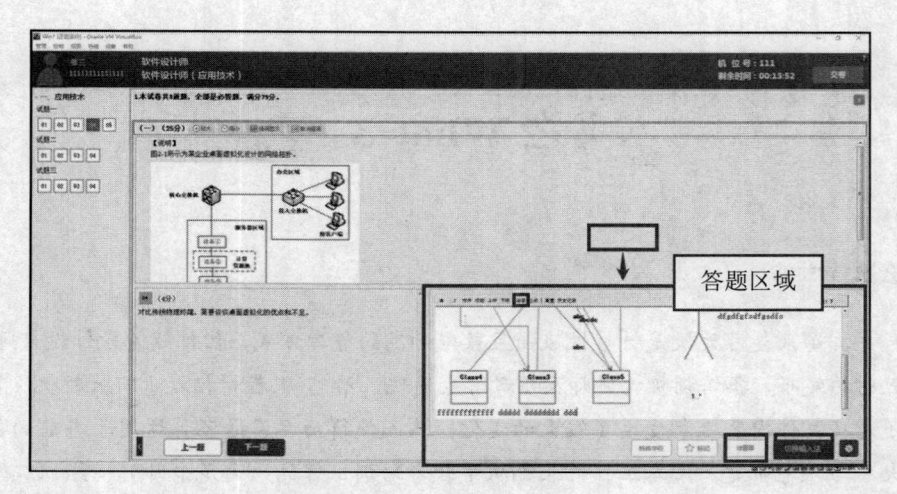

以其中的绘图功能为例，具体界面如下图所示。

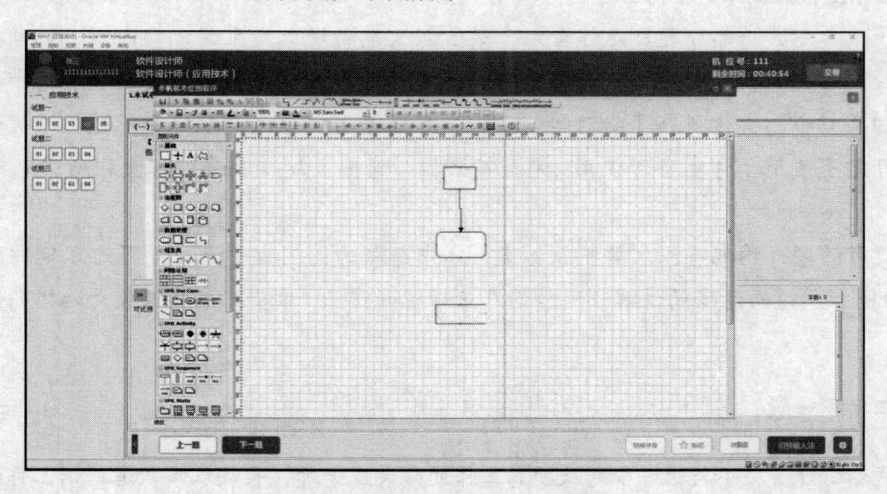

根据机考平台的开放时间，建议报名成功的学员一定要在机考平台上多加练习，熟悉机考的模式，增加打字、画图的熟练程度。

本书之 What & Why

为什么选择本书

通过历年真题来复习无疑是针对性极强且效率颇高的备考方式,但伴随着软件设计师第 5 版考试大纲及教材的发布,各培训机构讲师及备考考生发现,第 5 版教材相较于旧版教材,无论是从内容架构上还是从具体内容上都发生了较大的变化,从而使得历年真题不再适用于当前的备考。鉴于此,曾多次参与软考命题及阅卷工作并长期从事软考培训工作的薛大龙老师精心组织编写了本书,以期能够让考生获得高效的备考抓手。

本书各试卷中,一部分题目是作者结合第 5 版大纲新增或发生变化的内容、机考特点、自身丰富授课经验后全新设计的题目,而另一部分题目尽管源自历年考试真题,但全部严格根据第 5 版考试大纲及教程的变化进行了针对性修正,而且根据历年考试大数据分析进行了优化。因此本书全部题目完全适用于考生备考使用,完全不必担心新旧大纲及教程内容变化所带来的疑虑和使用效果。

本书所有的题目均配有深入解析及答案,本书解析力图通过考点把复习内容延伸到所涉知识面,同时力图以严谨而清晰的讲解让同学们真正理解知识点。希望本书能够极大地提高同学们的备考效率。

本书作者不一般

本套试卷由曾多次参与软考命题及阅卷工作的薛大龙老师、长期从事软考培训工作的邹月平老师担任主编,杨亚菲、黄树嘉担任副主编。文字校对及部分图形绘制工作由赵德端负责,全书由邹月平初审,薛大龙终审。

薛大龙,全国计算机技术与软件专业技术资格考试辅导教材编委会主任,财政部政府采购评审专家,北京市评标专家,曾多次参与软考的命题与阅卷,作为规则制定者非常熟悉命题要求、命题形式、命题难度、命题深度、命题重点及判卷标准等。

邹月平,软考面授名师、财政部政府采购评审专家、北大博雅客座教授、系统分析师、系统架构设计师、软件设计师。学员评价授课语言简练、逻辑清晰,善于把握要点、总结规律。

杨亚菲,信息系统项目管理师、系统架构设计师、系统规划与管理师、软件设计师、信息系统管理工程师。从事多年信息化工作,包括但不限于办公自动化系统、质量数据采集与分析系统、科研管理系统的开发、运维等,信息化项目建设经验丰富。

黄树嘉，系统架构设计师、系统分析师、软件设计师、程序员。从事多年信息化工作，负责项目需求分析、设计、研发和运维，项目经验丰富，具有深厚的理论知识及丰富的行业经验。

致谢

感谢中国水利水电出版社周春元编辑在本书的策划、选题申报、写作大纲的确定以及编辑、出版等方面付出的辛勤劳动和智慧，以及他给予我们的很多帮助。

由于编者水平有限，书中疏漏之处在所难免，敬请各位考生、各位培训师批评指正，不吝赐教。读者可关注薛大龙博士抖音，了解最新考试资讯。

作 者
2025 年 3 月

目　　录

机考说明及模拟考试平台

本书之 What & Why

软件设计师	机考试卷第 1 套	基础知识卷	1
软件设计师	机考试卷第 1 套	应用技术卷	9
软件设计师	机考试卷第 1 套	基础知识卷参考答案/试题解析	18
软件设计师	机考试卷第 1 套	应用技术卷参考答案/试题解析	29
软件设计师	机考试卷第 2 套	基础知识卷	33
软件设计师	机考试卷第 2 套	应用技术卷	41
软件设计师	机考试卷第 2 套	基础知识卷参考答案/试题解析	51
软件设计师	机考试卷第 2 套	应用技术卷参考答案/试题解析	61
软件设计师	机考试卷第 3 套	基础知识卷	66
软件设计师	机考试卷第 3 套	应用技术卷	74
软件设计师	机考试卷第 3 套	基础知识卷参考答案/试题解析	84
软件设计师	机考试卷第 3 套	应用技术卷参考答案/试题解析	94
软件设计师	机考试卷第 4 套	基础知识卷	98
软件设计师	机考试卷第 4 套	应用技术卷	106
软件设计师	机考试卷第 4 套	基础知识卷参考答案/试题解析	115
软件设计师	机考试卷第 4 套	应用技术卷参考答案/试题解析	126
软件设计师	机考试卷第 5 套	基础知识卷	132
软件设计师	机考试卷第 5 套	应用技术卷	139
软件设计师	机考试卷第 5 套	基础知识卷参考答案/试题解析	149
软件设计师	机考试卷第 5 套	应用技术卷参考答案/试题解析	158
软件设计师	模考卷	基础知识卷	161
软件设计师	模考卷	应用技术卷	168
软件设计师	模考卷	基础知识卷参考答案/试题解析	179
软件设计师	模考卷	应用技术卷参考答案/试题解析	191

软件设计师 机考试卷第1套
基础知识卷

- 在 CPU 的组成中，不包括__(1)__。
  - (1) A．运算器　　　　B．存储器　　　　C．控制器　　　　D．寄存器
- 计算机在进行浮点数的加减运算之前先进行对阶操作：若 x 的阶码大于 y 的阶码，则应将__(2)__。
  - (2) A．x 的阶码缩小至与 y 的阶码相同，且使 x 的尾数部分进行算数左移
    - B．x 的阶码缩小至与 y 的阶码相同，且使 x 的尾数部分进行算数右移
    - C．y 的阶码扩大至与 x 的阶码相同，且使 y 的尾数部分进行算数左移
    - D．y 的阶码扩大至与 x 的阶码相同，且使 y 的尾数部分进行算数右移
- 设机器字长为 32 位，一个容量为 16MB 的存储器，CPU 按照半字寻址，其可寻址的单元数是__(3)__。
  - (3) A．2^{24}　　　　B．2^{23}　　　　C．2^{22}　　　　D．2^{21}
- 设指令流水线把一条指令分为取指、分析、执行 3 部分，且 3 部分的时间分别为 2ns、2ns、1ns，则 100 条指令全部执行完成需__(4)__。
  - (4) A．163ns　　　　B．183ns　　　　C．193ns　　　　D．203ns
- 在多级存储体系中，"Cache-主存"结构的作用主要是解决__(5)__的问题。
  - (5) A．主存容量不足　　　　　　　　B．主存与辅存速度不匹配
    - C．辅存与 CPU 速度不匹配　　　　D．主存与 CPU 速度不匹配
- 在 OSI 参考模型中，自下而上第一个提供端到端服务的层次是__(6)__。
  - (6) A．数据链路层　　B．网络层　　　　C．传输层　　　　D．应用层
- 在 OSI 参考模型中，路由器（Router）、交换机（Switch）、集线器（Hub）实现的最高功能层分别为__(7)__。
  - (7) A．2、2、1　　　　B．2、2、2　　　　C．3、2、1　　　　D．3、2、2
- 下列地址中，属于子网 89.32.0.0/12 的地址是__(8)__。
  - (8) A．89.33.203.123　B．89.80.68.126　C．89.79.65.207　D．89.69.206.254
- 可以动态地为主机配置 IP 地址的协议是__(9)__。
  - (9) A．ARP　　　　　B．RARP　　　　C．DHCP　　　　D．SNMP
- 《中华人民共和国密码法》规定国家对密码实行分类管理，密码分为__(10)__。
  - (10) A．核心密码、普通密码和商用密码　　B．对称密码、公钥密码和哈希算法
    - C．国际密码、国产密码和商用密码　　D．普通密码、涉密密码和商用密码
- 下列 TCP/IP 应用层协议中，可以使用传输层无连接服务的是__(11)__。
  - (11) A．SMTP　　　　B．DNS　　　　　C．FTP　　　　　D．HTTP

- 两个申请人分别就相同内容的发明创造向国务院专利行政部门提出申请,应该将专利权授予 __(12)__ 。

  (12)A. 同时申请的两个人　　　　　　B. 发明人
  　　 C. 先使用人　　　　　　　　　　D. 先申请人

- 李某从画家王某处购买了 3 幅水墨画,李某后将该画作原件提供给当地出版社用于制作万年历公开销售,李某的行为 __(13)__ 。

  (13)A. 侵犯王某作品原件的所有权　　B. 侵犯王某作品的著作权
  　　 C. 行使自有财产所有权　　　　　D. 行使王某授予李某的著作权

- 甲委托乙拍摄自己的婚纱照,如果没有合同约定著作权属于 __(14)__ 。

  (14)A. 甲　　　　　　　　　　　　　B. 乙
  　　 C. 甲乙共有　　　　　　　　　　D. 法院或仲裁机构确定

- __(15)__ 可以按照地址访问存储器的任一单元, __(16)__ 访问数据所需时间与数据存储位置相关,磁盘是一种 __(17)__ 。

  (15)A. 随机存储器　　　　　　　　　B. 顺序存储器
  　　 C. 直接存储器　　　　　　　　　D. 相联存储器
  (16)A. 随机存储器　　　　　　　　　B. 顺序存储器
  　　 C. 直接存储器　　　　　　　　　D. 相联存储器
  (17)A. 随机存储器　　　　　　　　　B. 顺序存储器
  　　 C. 直接存储器　　　　　　　　　D. 相联存储器

- 下图是一个软件项目的活动图,其中顶点表示项目里程碑,连接顶点的边表示包含的活动。边上的权重表示活动的持续时间(天),则完成该项目最少时间 __(18)__ 天。在其他活动都按时完成的情况下,活动 C 最多可以晚 __(19)__ 天可以不影响工期。

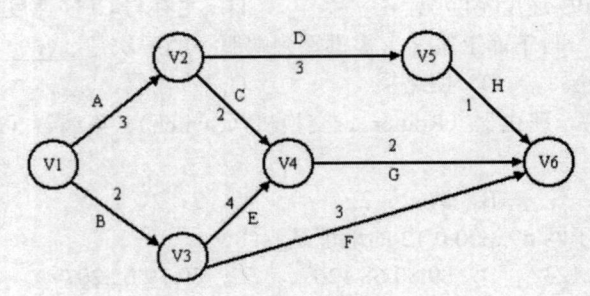

  (18)A. 6　　　　B. 7　　　　C. 8　　　　D. 9
  (19)A. 0　　　　B. 1　　　　C. 2　　　　D. 3

- 某公司报表系统的需求中,属于功能性需求的 __(20)__ 。

  (20)A. 每月月底统计出本月销售数据并以柱状和饼状图显示
  　　 B. 系统可以允许 200 个用户同时查询报表数据
  　　 C. 系统报表统计结果导出不超过 2s
  　　 D. 系统能经受互联网一般性恶意攻击

- 表达式 a*b-(c+d)的逆波兰式是 （21） 。
  （21）A．abcd+-* B．ab*cd+- C．abcd*+- D．abcd+*-
- 设有正规式 s=(0｜10)*，则其所描述正规集中字符体的特点是 （22） 。
  （22）A．长度必须是偶数 B．长度必须是奇数
  　　　C．0 不能连续出现 D．1 不能连续出现
- 进程 P1、P2、P3、P4、P5 的前趋图如下图所示。

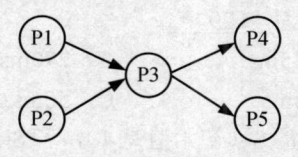

若用 PV 操作控制进程并发执行的过程，则需要设置 4 个信号量 S1、S2、S3 和 S4，且信号量初值都等于 0。下图中 a 和 b 应分别填写 （23） ，c 和 d 应分别填写 （24） ，e 和 f 应分别填写 （25） 。

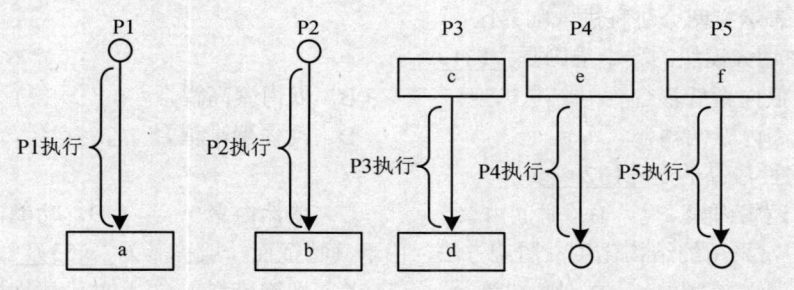

（23）A．P（S1）和 P（S2） B．P（S1）和 V（S2）
　　　C．V（S1）和 V（S2） D．V（S1）和 P（S2）
（24）A．P（S1）、P（S2）和 V（S3）、V（S4）
　　　B．P（S1）、P（S2）和 P（S3）、P（S4）
　　　C．V（S1）、V（S2）和 P（S3）、P（S4）
　　　D．V（S1）、V（S2）和 V（S3）、V（S4）
（25）A．P（S3）和 P（S4） B．P（S3）和 V（S4）
　　　C．V（S3）和 V（S4） D．V（S3）和 P（S4）
- 假设计算机系统的页面大小为 4KB，进程 P 的页面变换表见下表。若 P 要访问的逻辑地址为十六进制 2B11H，那么该逻辑地址经过地址变换后，其物理地址应为 （26） 。

页号	物理块号
0	2
1	3
2	5
3	6

（26）A．2B11H B．3B11H C．5B11H D．6B11H

- 虚拟存储技术是指__(27)__。
    (27) A．补充内存物理空间的技术　　　　B．补充内存逻辑空间的技术
         C．补充外存空间的技术　　　　　　D．扩充输入/输出缓冲区的技术
- 假设磁盘的每个磁道分成 9 个块，现一个文件有 A，B，…共 9 条记录，每条记录的大小与块的大小相等，设磁盘转速为 27ms/r，每读出一块后需要 2ms 的处理时间，若忽略其他辅助时间，并假设这些记录顺序存放、顺序读取，则处理此文件需要__(28)__，若对文件记录存放顺序调整优化，处理此文件的最短时间为__(29)__。
    (28) A．243ms　　　B．245ms　　　C．270ms　　　D．290ms
    (29) A．53ms　　　 B．54ms　　　 C．56ms　　　 D．60ms
- 对于两个并发进程，设互斥信号量 S（初始值是 1），若 S=-1，则__(30)__。
    (30) A．表示没有进程进入临界区
         B．表示有一个进程进入临界区
         C．表示有一个进程进入临界区，另一个进程等待进入
         D．表示有两个进程进入临界区
- 软件设计中划分模块的一个准则是__(31)__。
    (31) A．低内聚低耦合　　　　　　　　　B．低内聚高耦合
         C．高内聚低耦合　　　　　　　　　D．高内聚高耦合
- 模块的内聚性最高的是__(32)__。
    (32) A．逻辑内聚　　　B．时间内聚　　　C．偶然内聚　　　D．功能内聚
- 软件开发中常采用的结构化生命周期方法，由于其特征而一般称其为__(33)__。
    (33) A．瀑布模型　　　B 对象模型　　　C．螺旋模型　　　D．层次模型
- 以下__(34)__不是 SCRUM MASTER 的职责。
    (34) A．保护团队不受外来无端影响
         B．尽可能提高团队影响力
         C．负责 SCRUM 价值观与过程的实现
         D．SCRUM MASTER 是牧羊犬、公仆
- 结构化分析方法是一种预先严格定义需求的方法，它在实施时强调的是分析对象的__(35)__。
    (35) A．控制流　　　B．数据流　　　C．程序流　　　D．指令流
- 关于软件测试，下列说法中错误的是__(36)__。
    (36) A．在早期的软件开发中，测试就等同于调试
         B．软件测试是使用人工或自动手段来运行或测定某个系统的过程
         C．软件测试的目的在于检验软件是否满足规定的需求或是弄清楚预期结果与实际结果之间的差异
         D．软件测试与软件开发是两个独立、分离的过程
- 对下图所示流程图采用白盒测试方法进行测试，若要满足路径覆盖，则至少需要__(37)__个测试用例。采用 McCabe 度量法计算该程序的环路复杂性为__(38)__。

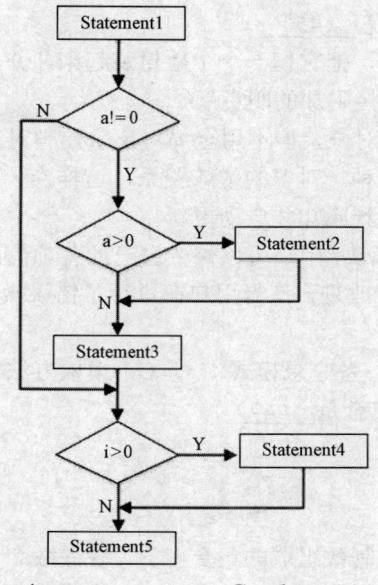

```
                    Statement1
                        ↓
              N  ┌──────────┐
           ┌────│  a!=0    │
           │    └──────────┘
           │         │Y
           │         ↓
           │    ┌──────────┐  Y   ┌──────────┐
           │    │  a>0     │─────→│Statement2│
           │    └──────────┘      └──────────┘
           │         │N  ←──────────────┘
           │         ↓
           │    ┌──────────┐
           └───→│Statement3│
                └──────────┘
                     │
                     ↓
                ┌──────────┐  Y   ┌──────────┐
                │  i>0     │─────→│Statement4│
                └──────────┘      └──────────┘
                     │N ←─────────────┘
                     ↓
                ┌──────────┐
                │Statement5│
                └──────────┘
```

(37) A．3　　　　　B．4　　　　　C．6　　　　　D．8
(38) A．1　　　　　B．2　　　　　C．3　　　　　D．4

- 面向对象方法的多态性是指 (39)　。
  (39) A．一个类可以派生出多个特殊类
      B．一个对象在不同的运行环境中可以有不同的变体
      C．针对同一消息，不同的对象可以以适合自身的方式加以响应
      D．一个对象可以是由多个其他对象组合而成的
- 不应该强迫客户依赖于他们不用的方法，接口属于客户，不属于它所在的类层次结构。即依赖于抽象，不依赖于具体，同时，在抽象级别，不应该有对于细节的依赖，这属于 (40) 设计原则。
  (40) A．共同重用　　　　　　　　　　B．开放-封闭
      C．接口分离　　　　　　　　　　D．共同封闭
- 计算机由 CPU、内存、硬盘、显示器、鼠标等构成，则计算机类与鼠标类之间的关系是 (41)　。
  (41) A．继承关系　　　　　　　　　　B．关联关系
      C．聚合关系　　　　　　　　　　D．依赖关系
- 在 UML 提供的图中， (42) 用于描述系统与外部系统及用户之间的交互； (43) 用于按时间顺序描述对象间的交互。
  (42) A．用例图　　　B．类图　　　C．对象图　　　D．配置图
  (43) A．组件图　　　B．状态图　　　C．协作图　　　D．顺序图
- 下面不属于创建型模式的有 (44)　。
  (44) A．抽象工厂模式（Abstract Factory）　　B．工厂方法模式（Factory Method）
      C．适配器模式（Adapter）　　　　　　　D．单例模式（Singleton）

- Strategy（策略）模式的意图是：__(45)__。

　　(45) A．定义一系列的算法，把它们一个个地封装起来，并且使它们可相互替换

　　　　 B．为一个对象动态连接附加的职责

　　　　 C．你希望只拥有一个对象，但不用全局对象来控制对象的实例化

　　　　 D．在对象之间定义一种一对多的依赖关系，这样当一个对象的状态改变时，所有依赖于它的对象都将得到通知并自动更新

- 某系统提供了用户信息操作模块，用户可以修改自己的各项信息。为了使操作过程更加人性化，可以使用 __(46)__ 对系统进行改进，使得用户在进行了错误操作之后可以恢复到操作之前的状态。

　　(46) A．责任链　　　　B．备忘录模式　　　　C．模板方法模式　　　　D．访问者模式

- 状态转换图如下，其接受的集合是 __(47)__ 。

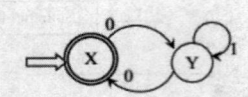

　　(47) A．含奇数个 1 的二进制数组成的集合　　　B．含偶数个 1 的二进制数组成的集合
　　　　 C．含奇数个 0 的二进制数组成的集合　　　D．含偶数个 0 的二进制数组成的集合

- 某有限自动机的状态转换图如下图所示，该自动机可识别 __(48)__ 。

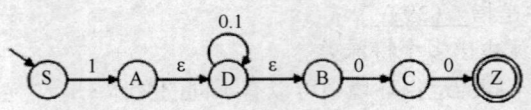

　　(48) A．1(0|1)*00　　B．10*1*00　　C．101*00　　D．1(01)*00

- 使用 __(49)__ 可以定义一个程序的意义。

　　(49) A．语义规则　　　B．词法规则　　　C．产生规则　　　D．语法规则

- 已知关系 R（A，B，C，D）和 R 上的函数依赖集 F={B→D, AB→C}，候选码是 __(50)__ ，关系 R 属于 __(51)__ 。

　　(50) A．AC　　　　　B．AD　　　　　C．B　　　　　D．AB
　　(51) A．1NF　　　　B．2NF　　　　C．3NF　　　　D．BCNF

- 已知两个关系如下：

R	A	B	C
	1	b_1	c_1
	2	b_2	c_2
	3	b_1	c_1

S	D	E	A
	d_1	e_1	1
	d_2	e_1	1
	d_3	e_1	2

假设 R 的主键是 A，S 的主键是 D，在关系 S 的定义中包含外键定义，则 R⋈S 运算后，运算结果中含有属性列 __(52)__ 个，含有元组数 __(53)__ 个。

　　(52) A．2　　　　　B．3　　　　　C．4　　　　　D．5
　　(53) A．2　　　　　B．3　　　　　C．4　　　　　D．5

- 在数据库三级模式间引入二级映像的主要作用是__(54)__。
  （54）A．提高数据与程序的独立性　　　B．提高数据与程序的安全性
  　　　C．保持数据与程序的一致性　　　D．提高数据与程序的可移植性
- 对数据库物理存储方式的描述称为__(55)__。
  （55）A．外模式　　　B．内模式　　　C．概念模式　　　D．逻辑模式
- 设栈 S 和队列 Q 的初始状态均为空，元素 abcdefg 依次进入栈 S，若每个元素出栈后立即进入队列 Q，且 7 个元素出队的顺序是 bdcfeag，则栈 S 的容量至少是__(56)__。
  （56）A．2　　　B．3　　　C．4　　　D．5
- 设有 5 个字符，根据其使用频率为其构造哈夫曼编码。以下编码方案中，__(57)__ 是不可能的。
  （57）A．{111,110,101,100,0}　　　B．{0000,0001,001,01,1}
  　　　C．{11,10,01,001,000}　　　D．{11,10,011,010,000}
- 一棵度为 4 的树 T 中，若有 5 个度为 4 的节点，7 个度为 3 的节点，3 个度为 2 的节点，9 个度为 1 的节点，则树 T 的叶子节点数为__(58)__个。
  （58）A．30　　　B．31　　　C．32　　　D．33
- 分别以以下序列构造二叉排序树，与其他 3 个序列所构造的结果不同的是__(59)__。
  （59）A．100,80,90,60,120,110,130　　　B．100,120,110,130,80,60,90
  　　　C．100,60,80,90,120,110,130　　　D．100,80,60,90,120,130,110
- 设图的邻接矩阵 A 如下所示，各顶点的出度分别为__(60)__。

$$A = \begin{bmatrix} 0 & 1 & 0 & 1 \\ 0 & 0 & 1 & 1 \\ 0 & 1 & 0 & 0 \\ 1 & 0 & 0 & 0 \end{bmatrix}$$

  （60）A．1,2,2,2　　　B．2,2,2,2　　　C．2,2,1,1　　　D．2,3,2,4
- 在有 11 个元素的有序表 A[11]={1,2,3,…,11}中进行折半查找，向下取整，查找元素 11 时，被比较的元素依次是__(61)__。
  （61）A．6,8,10,11　　　B．6,9,10,11　　　C．6,7,9,11　　　D．6,9,11,10
- 设散列表长 m=14，散列函数为 H(key)=key%11，表中仅有 4 个节点 H(15)=4，H(38)=5，H(61)=6，H(84)=7，若使用线性探测法处理冲突，则关键字 49 存储的地址是__(62)__。
  （62）A．3　　　B．5　　　C．8　　　D．9
- 若无向图 G 有 n 个顶点 e 条边，则 G 采用邻接矩阵存储时，矩阵的大小为__(63)__。
  （63）A．n*e　　　B．n²　　　C．n²+e²　　　D．(n+e)²
- 无法隔离冲突域的网络互联设备是__(64)__。
  （64）A．集线器　　　B．网桥　　　C．交换机　　　D．路由器
- 下列数据交换中，数据经过网络的传输延迟长而且是不固定的，所以不能用于实时语音数据传输的是__(65)__。
  （65）A．电路交换　　　B．报文交换　　　C．数据报交换　　　D．虚电路交换

- 当描述一个物理层接口引脚在处于高电平时的含义时，该描述属于__(66)__。
  (66) A．机械特性　　　B．电气特性　　　C．功能特性　　　D．规程特性
- WLAN 的通信标准主要采用__(67)__标准。
  (67) A．IEEE 802.2　　B．IEEE 802.3　　C．IEEE 802.11　　D．IEEE 802.16
- 一个 C 类网段中划分 5 个子网，每个子网最少使用 20 台主机，应使用的子网掩码是__(68)__。
  (68) A．255.255.255.128　　　　　B．255.255.255.240
  　　C．255.255.255.224　　　　　D．255.255.255.192
- 数据压缩技术，密钥密码理论在 OSI 参考模型中属于__(69)__。
  (69) A．数据链路层　　B．会话层　　　C．表示层　　　D．应用层
- 在公钥密码体制中，不公开的是__(70)__。
  (70) A．公钥　　　　B．私钥　　　C．公钥和私钥　　　D．私钥和加密算法
- In the fields of physical security and information security, access __(71)__ is the selective restriction of access to a place or other resource. The act of accessing may mean consuming, entering, or using. Permission to access a resource is called __(72)__.

  An access control mechanism connects between a user (or a process executing on behalf of a user) and system resources, such as applications, operating systems, firewalls, routers, files, and databases. The system must first authenticate a user seeking access. Typically the authentication function determines whether the user is permitted to access the system at all. Then the access control function determines if the specific requested access by this user is permitted. A security administrator __(73)__ an authorization database that specifies what type of access to which resources is allowed for this user. The access control function consults this database to determine whether to grant access. An auditing function __(74)__ and keeps a record of user accesses to system resources.

  In practice, a number of users may cooperatively share the access control function. All operating systems have at least a __(75)__, and in many cases a quite robust, access control component. Add-on security packages can add to the automated access control capabilities of the OS. Particular applications or utilities, such as a database management system, also incorporate access control functions. External devices, such as firewalls, can also provide access control services.

  (71) A．cooperates　　B．coordinates　　C．control　　　D．mediates
  (72) A．function　　　B．authorization　C．security　　　D．capabilities
  (73) A．opens　　　　B．monitors　　　C．maintains　　D．seeks
  (74) A．components　B．monitors　　　C．mechanisms　D．algorithms
  (75) A．remote　　　 B．native　　　　C．controlled　　D．rudimentary

软件设计师 机考试卷第1套
应用技术卷

试题一

阅读下列说明和图，回答【问题1】～【问题3】，将解答填入答题区的对应位置。

【说明】

某高校欲开发一个成绩管理系统，记录并管理所有选修课程的学生的平时成绩和考试成绩，其主要功能描述如下。

1. 每门课程都由3～6个单元构成，每个单元结束后会进行一次测试，其成绩作为这门课程的平时成绩。课程结束后进行期末考试，其成绩作为这门课程的考试成绩。

2. 学生的平时成绩和考试成绩均由每门课程的主讲教师上传给成绩管理系统。

3. 在记录学生成绩之前，系统需要验证这些成绩是否有效。首先，根据学生信息文件来确认该学生是否选修这门课程，若没有，那么这些成绩是无效的；如果他的确选修了这门课程，再根据课程信息文件和课程单元信息文件来验证平时成绩是否与这门课程所包含的单元相对应，如果是，那么这些成绩是有效的，否则无效。

4. 对于有效成绩，系统将其保存在课程成绩文件中。对于无效成绩，系统会单独将其保存在无效成绩文件中，并将详细情况提交给教务处。在教务处没有给出具体处理意见之前，系统不会处理这些成绩。

5. 若一门课程的所有有效的平时成绩和考试成绩都已经被系统记录，系统会发送课程完成通知给教务处，告知该门课程的成绩已经齐全。教务处根据需要，请求系统生成相应的成绩列表，用来提交考试委员会审查。

6. 在生成成绩列表之前，系统会生成一份成绩报告给主讲教师，以便核对是否存在错误。主讲教师须将核对之后的成绩报告返还系统。

7. 根据主讲教师核对后的成绩报告，系统生成相应的成绩列表，递交考试委员会进行审查。考试委员会在审查之后，上交一份成绩审查结果给系统。对于所有通过审查的成绩，系统将会生成最终的成绩单，并通知每个选课学生。

现采用结构化方法对这个系统进行分析与设计，得到如图1-1所示的顶层数据流图和如图1-2所示的0层数据流图。

【问题1】（4分）

使用说明中的词语，给出图1-1中的外部实体E1～E4的名称。

【问题2】（5分）

使用说明中的词语，给出图1-2中的数据存储D1～D5的名称。

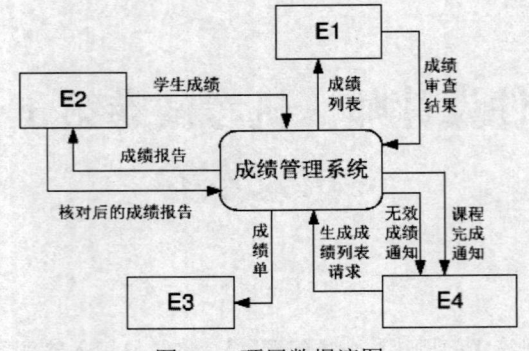

图 1-1 顶层数据流图

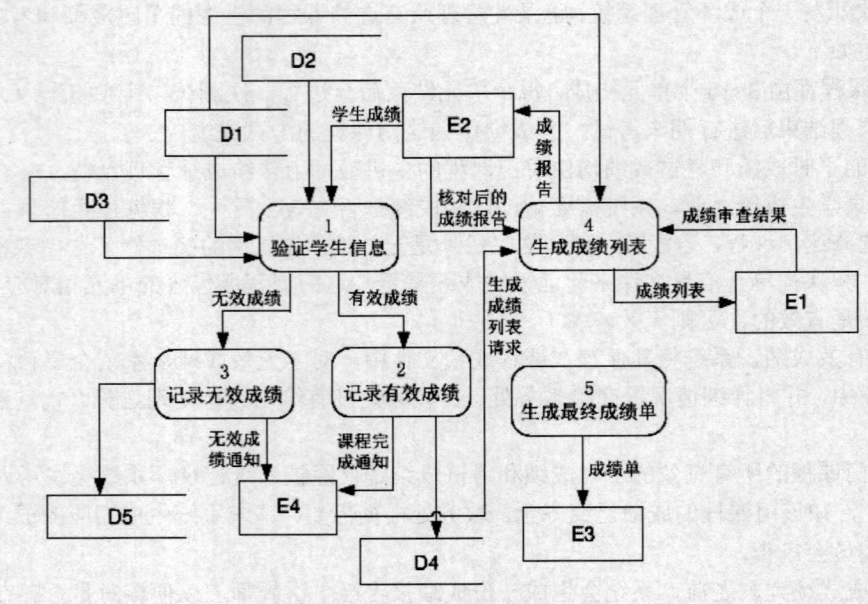

图 1-2 0层数据流图

【问题 3】（6 分）
图 1-2 缺少了三条数据流，根据说明及图 1-1 提供的信息，分别指出这三条数据流的起点和终点。

试题二

阅读下列说明，回答【问题 1】～【问题 3】，将解答填入答题区的对应位置。

【说明】
某省针对每年举行的足球联赛，拟开发一套信息管理系统，以方便管理球队、球员、主教练、主裁判、比赛等信息。

【需求分析】
（1）系统需要维护球队、球员、主教练、主裁判、比赛等信息。
球队信息主要包括：球队编号、名称、成立时间、人数、主场地址、球队主教练。
球员信息主要包括：姓名、身份证号、出生日期、身高、家庭住址。
主教练信息主要包括：姓名、身份证号、出生日期、资格证书号、级别。
主裁判信息主要包括：姓名、身份证号、出生日期、资格证书号、获取证书时间、级别。
（2）每支球队有一名主教练和若干名球员。一名主教练只能受聘于一支球队，一名球员只能效力于一支球队。每支球队都有自己的唯一主场场地，且场地不能共用。
（3）足球联赛采用主客场循环制，一周进行一轮比赛，一轮的所有比赛同时进行。
（4）一场比赛有两支球队参加，一支球队作为主队身份、另一支作为客队身份参与比赛。一场比赛只能有一名主裁判，每场比赛有唯一的比赛编码，每场比赛都记录比分和日期。

【概念结构设计】
根据需求分析阶段的信息，设计的实体联系图（不完整）如图 2-1 所示。

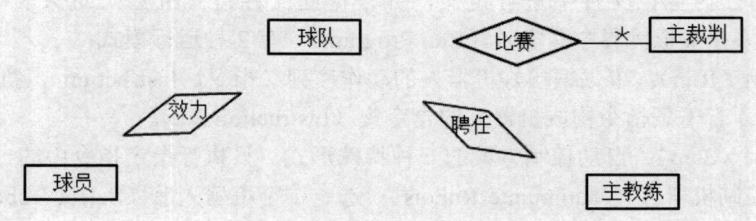

图 2-1　实体联系图（不完整）

【逻辑结构设计】
根据概念结构设计阶段完成的实体联系图，得出如下关系模式（不完整）：
球队（球队编号，名称，成立时间，人数，主场地址）
球员（姓名，身份证号，出生日期，身高，家庭住址，____1____）
主教练（姓名，身份证号，出生日期，资格证书号，级别，____2____）
主裁判（姓名，身份证号，出生日期，资格证书号，____3____，级别）
比赛（比赛编码，主队编号，客队编号，主裁判身份证号，比分，____4____）

【问题 1】（6 分）
补充图 2-1 中的联系和联系的类型。

【问题 2】（4 分）
根据图 2-1，将逻辑结构设计阶段生成的关系模式中的空 1～空 4 补充完整。

【问题 3】（2 分）
图 2-1 中的联系"比赛"应具有的属性是哪些？

【问题 4】（3 分）
现在系统要增加赞助商信息，赞助商信息主要包括赞助商名称和赞助商编号。

赞助商可以赞助某支球队，一支球队只能有一个赞助商，但赞助商可以赞助多支球队。赞助商也可以单独赞助某些球员，一名球员可以为多个赞助商代言。请根据该要求，对图 2-1 进行修改，画出修改后的实体间联系并注明联系的类型。

试题三

阅读下列说明和图，回答【问题 1】～【问题 3】，将解答填入答题区的对应位置。

【说明】

某软件公司要设计实现一个虚拟世界仿真系统。系统中的虚拟世界用于模拟现实世界中的不同环境（由用户设置并创建），用户通过操作仿真系统中的机器人来探索虚拟世界。机器人维护着两个变量 b1 和 b2，用来保存从虚拟世界中读取的字符。

该系统的主要功能描述如下：

（1）机器人探索虚拟世界（Run Robots）。用户使用编辑器（Editor）编写文件以设置想要模拟的环境，将文件导入系统（Load File）从而在仿真系统中建立虚拟世界（Setup World）。机器人在虚拟世界中的行为也在文件中进行定义，并根据此文件建立机器人的探索行为程序（Setup Program）。机器人在虚拟世界中探索时（Run Program），有 2 种运行模式：

1）自动控制（Run）：事先编排好机器人的动作序列（指令，Instruction），执行指令，使机器人可以连续动作。若干条指令构成机器人的指令集（Instruction Set）。

2）单步控制（Step）：自动控制方式的一种特殊形式，只执行指定指令中的一个动作。

（2）手动控制机器人（Manipulate Robots）。选定 1 个机器人后（Select Robot），可以采用手动方式控制它。手动控制有如下 4 种方式：

1）Move：机器人朝着正前方移动一个交叉点。

2）Left：机器人原地沿逆时针方向旋转 90°。

3）Read：机器人读取其所在位置的字符，并将这个字符的值赋给 b1；如果这个位置上没有字符，则不改变 b1 的当前值。

4）Write：将 b1 中的字符写入机器人当前所在的位置，如果这个位置上已经有字符，该字符的值将会被 b1 的值替代。如果这时 b1 没有值，即在执行 Write 动作之前没有执行过任何 Read 动作，那么需要提示用户相应的错误信息（Show Errors）。

手动控制与单步控制的区别在于，单步控制时执行的是指令中的动作，只有一种控制方式，即执行下一个动作；而手动控制时有 4 种动作。

现采用面向对象方法设计并实现该仿真系统，得到如图 3-1 所示的用例图和如图 3-2 所示的初始类图。图 3-2 中的类 Interpreter 和 Parser 用于解析描述虚拟世界的文件以及机器人行为文件中的指令集。

【问题 1】（8 分）

根据说明中的描述，给出图 3-1 中 U1～U8 所对应的用例名。

【问题 2】（2 分）

图 3-1 中用例 U3～U8 分别与哪个（哪些）用例之间有关系，是何种关系？

【问题 3】（5 分）

根据说明中的描述，给出图 3-2 中 C1～C5 所对应的类名。

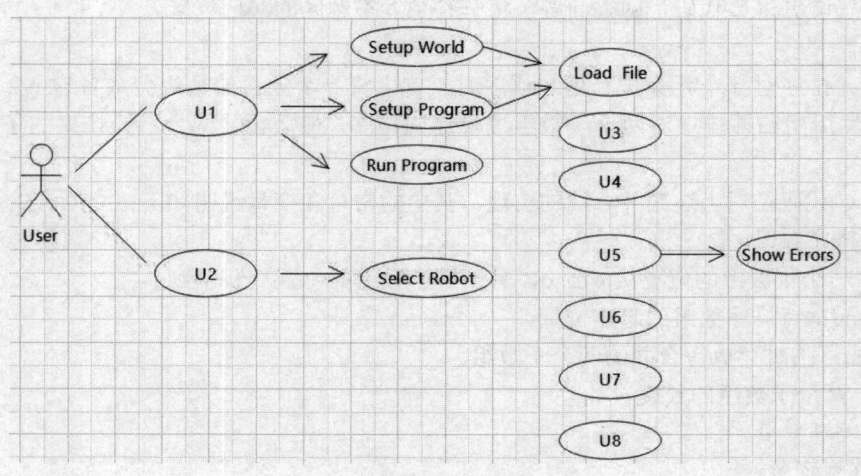

图 3-1 用例图

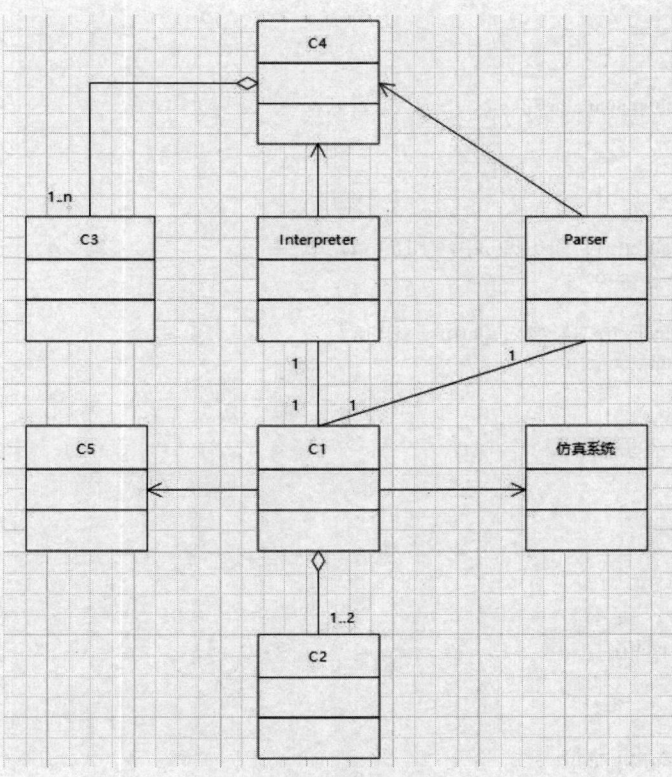

图 3-2 初始类图

试题四

阅读下列说明和 C 代码，回答问题，将解答填入答题区的对应位置。

【说明】

采用归并排序对 n 个元素进行递增排序时，首先将 n 个元素的数组分成各含 n/2 个元素的两个子数组，然后用归并排序对两个子数组进行递归排序，最后合并两个已经排序的子数组得到排序结果。

下面的 C 代码是对上述归并算法的实现，其中的常量和变量说明如下：

arr：待排序数组。

p, q, r：一个子数组的位置从 p 到 q，另一个子数组的位置从 q+1 到 r。

begin, end：待排序数组的起止位置。

left, right：临时存放待合并的两个子数组。

n1, n2：两个子数组的长度。

i, j, k：循环变量。

mid：临耐变量。

【C 代码】

```
#include<stdio.h>
#include<stdlib.h>
#define MAX 65536
void merge(int arr[],int p,int q,int r) {
    int *left, *right;
    int n1,n2,i,j,k;
    n1=q-p+1;
    n2=r-q;
    if((left=(int*)malloc((n1+1)*sizeof(int)))==NULL) {
        perror("malloc error");
        exit(1);   }
    if((right=(int*)malloc((n2+1)*sizeof(int)))==NULL) {
        perror("malloc error");
        exit(1);   }
    for(i=0;i<n1;i++){
        left[i]=    (1)    ;   }
    left[i]=MAX;
    for(i=0; i<n2; i++){
        right[i]=arr[q+i+1];   }
    right[i]=MAX;
    i=0; j=0;
    for(k=p;   k<=r  ; k++) {
        if(left[i]> right[j]) {
             (2)     ;
            j++;       }
         else {
                arr[k]=left[i];
                    i++; }}
```

```
    }
    void mergeSort(int arr[],int begin,int end){
        int mid;
        if(  begin<end  ){
            mid=   (3)   ;
               (4)   ;
             mergeSort(arr,mid+1,end)  ;
            merge(arr,begin,mid,end);   }
    }
```

【问题 1】（12 分）

根据以上说明和 C 代码，填充（1）～（4）。

【问题 2】（2 分）

根据题干说明和以上 C 代码，算法采用了__(5)__算法设计策略。其空间复杂度为__(6)__（用 O 符号表示）。

【问题 3】（1 分）

两个长度分别为 n1 和 n2 的已经排好序的子数组进行归并，根据上述 C 代码，则元素之间比较次数为__(7)__。

试题五

阅读下列说明和 C++代码，回答问题，将解答填入答题区的对应栏内。

【说明】

命令模式的类图如下，请补充完整代码中的空缺。

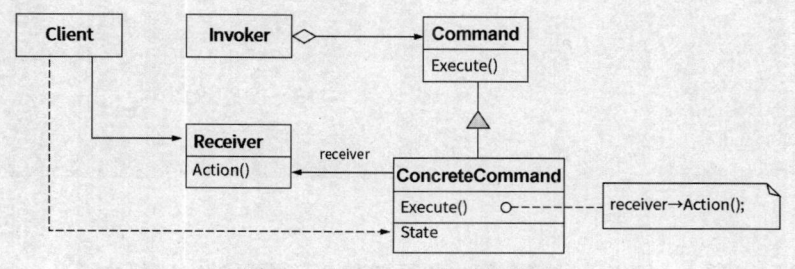

图 5-1 Command 模式的类图

【C++代码】

```
class Command {
public:
    virtual ~Command() {}     //虚析构函数，确保正确析构派生类对象
       (1)   ;                //纯虚函数，子类必须实现
     };
//接收者类
class Receiver {
public:
    void action() {
        std::cout << "Executing the command." << std::endl; }};     //具体命令实现类
class ConcreteCommand : public Command {
```

```cpp
private:
    Receiver* receiver;                        //接收者指针
public:
    ConcreteCommand(Receiver* receiver) : receiver(receiver) {}
    void Execute() override {    (2)   ; }    //重写Execute()方法
};
//调用者类
class Invoker {
private:
    Command* command;                          //命令指针
public:
    Invoker(Command* command) : command(command) {}
    
    void setCommand(Command* command) {
        this->command = command; }
    void executeCommand() {
        if (command != nullptr) {
            command->Execute();                //执行命令
                        }}};

//客户端代码
int main() {
    //创建接收者对象
    Receiver receiver;
    //创建具体命令对象,并将接收者对象传入
       (3)   ;
    //创建调用者对象,并将命令对象传入
       (4)   ;
    //执行命令
       (5)   ;
    //释放动态分配的内存
    delete command;
    return 0;}
```

试题六

阅读下列说明和 Java 代码,回答问题,将解答填入答题区的对应栏内。

【说明】

命令模式的类图如下,请填写代码到对应的填空内。

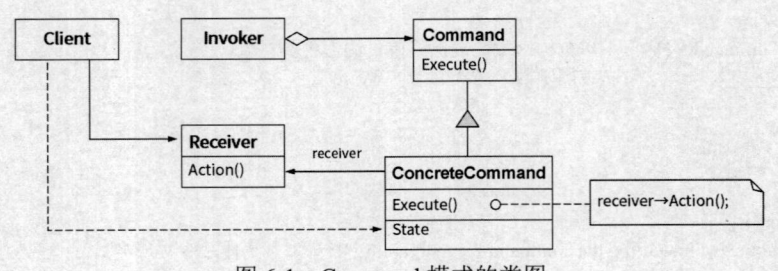

图 6-1 Command 模式的类图

【Java 代码】

```
public interface Command {
    __(1)__ ;}
public class ConcreteCommand implements Command {
    private Receiver receiver;

    public ConcreteCommand(Receiver receiver) {
        __(2)__ ;}

    public void Execute() {
        receiver.action();   }
}
public class Receiver {
    public void action() {
        System.out.println("Executing the command.");  }
}
public class Invoker {
    private Command command;

    public Invoker(Command command) {
        this.command = command; }

    public void setCommand(Command command) {
        this.command = command; }

    public void executeCommand() {
        command.execute(); }
}
public class Client {
    public static void main(String[] args) {
        //创建接收者
        Receiver receiver = new Receiver();

        //创建具体命令，并将接收者注入
        __(3)__ ;

        //创建调用者，并将命令注入
        __(4)__ ;

        //执行命令
        __(5)__ ; }
}
```

软件设计师 机考试卷第 1 套
基础知识卷参考答案/试题解析

（1）**参考答案**：B

试题解析 CPU 由运算器和控制器两个部件组成，而运算器和控制器中都含有寄存器。存储器是一个独立的部件，因此选 B。

（2）**参考答案**：D

试题解析 浮点数加减运算时，首先要进行对阶。对阶的规则是，小阶向大阶对齐（小阶变大阶需属数部分算术右移，而大阶变小阶需属数部分算术左移，右移损失的是最低位而左移损失的是最高位，因此选择右移时精度损失会更小），即阶码小的尾数算数右移，每右移一位，阶码加 1，直到对接的两个数的阶码相等为止。

根据题意，将 y 的阶码扩大至与 x 的阶码相同，y 的尾数算数右移，所以选 D。

（3）**参考答案**：B

试题解析 16MB=2^{24}B，由于字长为 32 位，现在按半字（16 位，即 2B）寻址，相当于有 2^{24}B/2B=2^{23} 个可寻址单元。

（4）**参考答案**：D

试题解析 采用流水线时，每个功能段的时间设定为取指、分析和执行部分，其中最长时间为 2ns，第一条指令在第 5ns 时执行完毕，其余 99 条指令每隔 2ns 执行完成一条，所以 100 条指令全部执行完毕所需的时间为 5+2*99=203ns。

（5）**参考答案**：D

试题解析 Cache 中的内容只是主存中一部分内容的副本，Cache 的速度比主存速度更高，"Cache-主存"结果的主要目的是解决主存与 CPU 速度不匹配的问题。

（6）**参考答案**：B

试题解析 端到端的服务是指把不相邻节点通过中间节点形成间接可达通路的服务，点到点服务是指在相邻节点间通过直连通路实现通信的服务。OSI 自下而上分为物理层（规定各种物理特性）、数据链路层（实现点到点的通信）、网络层（实现不可靠的端到端通信）、传输层（实现可靠的端到端通信）、会话层（建立并维持连接）、表示层（压缩解压或选择编码格式等）、应用层（实现应用到应用的通信）。

可见，"自下而上第一个提供端到端服务"的是网络层。

（7）**参考答案**：C

试题解析 集线器（Hub）是一个多端口的中继器，它工作在物理层，实现的最高层功能为物理层（即 OSI 的第 1 层）。普通的交换机（Switch）是一个多端口的网桥，它工作在数据链路层，实现的最高层功能为数据链路层（即 OSI 的第 2 层）。路由器（Router）是网络层设备，它实现了网络模型的下三层，即物理层、数据链路层、网络层，因此为实现的最高层功能是网络层（即 OSI 的第 3 层）。

（8）**参考答案**：A

试题解析　CIDR 地址块 89.32.0.0/12 的网络前缀为 12 位，说明第 2 个字节的前 4 位在前缀中，第二个字节 32 的二进制表示形式是 00100000，因此主机地址在第二个字节的范围为 00100000～00101111，换算为十进制即 32～47。题目所给出的所有选项的第二个字节，只有 33 位于 32～47 之间，因此选 A。

（9）**参考答案**：C

试题解析　ARP 是地址解析协议，可以将 IP 地址解析成 MAC 地址；RARP 是逆地址解析协议，能将 MAC 地址解析成 IP 地址；DHCP 是动态主机配置协议，使用 DHCP 可以自动为主机分配 IP 地址；简单网络管理协议（SNMP）是专门用于在 IP 网络中管理网络节点（服务器、工作站、路由器、交换机及集线器等）的一种标准协议。

（10）**参考答案**：A

试题解析　《中华人民共和国密码法》将密码分为核心密码、普通密码和商用密码。其中核心密码、普通密码用于保护国家秘密信息，核心密码保护信息的最高密级为绝密级，普通密码保护信息的最高密级为机密级。商用密码用于保护不属于国家秘密的信息，公民、法人和其他组织可以依法使用商用密码保护网络与信息安全。

（11）**参考答案**：B

试题解析　SMTP 用来发送电子邮件，FTP 用来传输文件，HTTP 用来传输网页文件，都对可靠性的要求较高，因此都用传输层有连接的 TCP 服务。无连接的 UDP 服务效率更高，开销小，DNS 在传输层采用无连接 UDP 服务。

（12）**参考答案**：D

试题解析　同样内容的发明创造，只能授予一项专利权。两个以上的申请人分别就同样发明创造申请专利的，专利权授予最先申请的人。如果是同一天申请的，申请人应该在收到国家知识产权局通知后自行协商确定申请人，协商不成的，该发明即成为社会共有技术。

（13）**参考答案**：B

试题解析　李某的行为侵犯了王某作品的著作权。

（14）**参考答案**：B

试题解析　对于著作权，在没有合同约定清楚的情况下，著作权属于受委托方。

（15）（16）（17）**参考答案**：A　B　C

试题解析　随机存储器可以按地址访问存储器的任一单元。顺序存储器访问时按顺序查找目标地址，访问数据所需时间与数据存储位置相关。直接存储器按照数据块所在位置访问，磁道寻址随机，磁道内寻址顺序。相联存储器是指按内容访问的存储器，其工作原理是把数据或数据的某一部分作为关键字，按顺序写入信息，读出时并行地将该关键字与存储器中的每一单元进行比较，找出存储器中所有与关键字相同的数据字，特别适合于信息的检索和更新。

（18）**参考答案**：C

💡**试题解析**　关键路径为 BEG，共 8 天。

（19）参考答案：B

💡**试题解析**　活动 C 的最早开始时间是 3，最晚开始时间是 4，因此总浮动时间是 4-3=1。

（20）参考答案：A

💡**试题解析**　功能性需求即软件必须完成哪些事，必须实现哪些功能。选项 B 和选项 C 属于非功能性需求中的性能需求，选项 D 属于非功能性需求中的安全性需求，关注的是软件的质量属性而不是软件的具体功能。

（21）参考答案：B

💡**试题解析**　我们日常使用的表达式，操作符位于操作数之间，这种表达式称为中缀表达式。逆波兰式即后缀表达式，也即操作符位于操作数之后，其目的是让计算机在计算表达式时无需考虑计算的优先级。将表达式转换成后缀式的方式是：首先将每个子表达式都加上括号，然后将运算符甩到本层括号之外，最后再去掉括号。如：((a*b)-(c+d))，去掉括号之后就是 ab*cd+-。

（22）参考答案：D

💡**试题解析**　s=(0|10)*的意思简单说来就是：把 0 或 10 进行重复任意次，可见无论如何重复，也无论重复多少次，1 也不可能重复出现。

（23）（24）（25）参考答案：C　A　A

💡**试题解析**　由于引入信号量的目的是控制各进程的执行顺序，因此 4 条箭线需要 4 个信号量控制。信号量与箭线对应的原则是**节点标号小的箭线对应标号小的信号量**，如下图所示。

在箭线图中标出各个信号量后，就可以结合各进程的伪代码进行分析了。分析的过程为：①若从 P 进程节点引出某些信号量，则在 P 进程末尾对这些信号量执行 V 操作（即释放该信号量）；②若有信号量指向进程 P，则在 P 进程开始位置要有这些信号量的 P 操作（即占用该信号量）。

本题中，执行 P1 引出了信号量 S1，则 P1 末尾有 **V（S1）** 操作；P2 引出了信号量 S2，所以 P2 结束后应有 **V（S2）** 操作。P3 引入了信号量 S1 和 S2，所以 P3 开始应有 **P（S1）、P（S2）** 操作；P3 引出了信号量 S3、S4，则 P3 末尾应有 **V（S3）、V（S4）** 操作。P4 引入了信号量 S3，所以 P4 开始应有 **P（S3）** 操作；P5 引入了信号量 S4，则 P4 开始应有 **P（S4）** 操作。

（26）参考答案：C

💡**试题解析**　页面地址就是逻辑地址，由页号地址+页内地址构成。页面大小为 4KB=2^12B，这表示页内地址由 12 位来表示，因此对于 16 位的逻辑地址 2B11H 来说，其左 4 位（即 2）代表页号，右 12 位（即 B11）代表页内地址。页内地址与物理块中的块内偏移地址相同，而页号对应的物理块号可通过查表得到。本题中，通过查表可知，页号 2 对应的物理块号为 5，因此逻辑地址 2B11H 对应的物理地址为 5B11H。

（27）参考答案：B

💡**试题解析**　通过虚拟存储技术可以把外存模拟成内存来使用，这补充了内存的逻辑空间，但并未补充内存的物理空间和输入/输出缓冲区，也未补充外存空间。

（28）参考答案：B

💡试题解析 磁盘转速为27ms/r，每个磁道存放9条记录，因此读出1条记录需27/9=3ms，读出并处理记录A需要3+2=5ms。此时读写头已经转过了记录B的开始位置，因此要读出记录B必须再转接近一圈，后续8条记录的读取及处理与此相同，于是处理9条记录的总时间是（3+2）+8*（27+3）=245ms。

（29）参考答案：A

💡试题解析 由于读出并处理一条记录需要5ms，当读出并处理记录A时，不妨设记录A放在第一个盘块中，读写头已移到第二个盘块的中间，为了能顺序读到B，应将记录放到第三个盘块中，因此存放的顺序为A,F,B,G,C,H,D,I,E。处理一条记录并将磁头移到下一条记录的时间为3+2+1（等待）=6，前8条记录需8*6=48秒，最后一条记录处理完后结束，没有等待的1s时间，因此处理9条记录的总时间为6*9-1=53ms。

（30）参考答案：C

💡试题解析 当有一个进程进入临界区且有另一个进程等待进入临界区时，S=-1。当S小于0时，其绝对值等于等待进入临界区的进程数。

（31）参考答案：C

💡试题解析 设计模块的原则是高内聚低耦合，内聚越高，模块独立性越强，耦合越低，模块独立性越强。

（32）参考答案：D

💡试题解析 7种内聚性由高到低分别为功能内聚、顺序内聚、通信内聚、过程内聚、时间内聚、逻辑内聚、偶然内聚。

功能内聚完成一个单一功能，各个部分协同工作，缺一不可。顺序内聚的处理元素相关，而且必须顺序执行。通信内聚的所有处理元素集中在一个数据结构的区域上。过程内聚的处理元素相关，而且必须按特定的次序执行。瞬时内聚（时间内聚）所包含的任务必须在同一时间间隔内执行。逻辑内聚完成逻辑上相关的一组任务。偶然内聚（巧合内聚）完成一组没有关系或松散关系的任务。

（33）参考答案：A

💡试题解析 软件开发中常采用的结构化生命周期方法，其主要原则是自顶向下逐步求精，而且求精得到的子模块与父模块之间存在着顺序依赖关系，有点像瀑布流水，因此也称为瀑布模型。

（34）参考答案：B

💡试题解析 SCRUM MASTER的6大职责包括：教练、服务型领导、过程权威、保护伞、清道夫、变革代言人。A是保护伞职责；C是过程权威职责；D是服务型领导职责。

（35）参考答案：B

💡试题解析 结构化分析方法在实施阶段强调的是分析对象的数据流，因此数据流程图（Data Flow Diagram，DFD）成为结构化分析方法的主要工具。

（36）参考答案：D

💡试题解析 首先，软件测试不仅仅是在编码完成后进行的一种独立活动，它实际上是软件开发过程的一个关键组成部分。测试是为了验证开发过程中的每个阶段是否正确地实现了需求和设计。因此，从需求分析阶段开始，测试就已融入开发过程中，包括单元测试、集成测试、系统测试、验收测试等多个层次。

其次，我们需要认识到软件测试和软件开发的方法已经高度融合，如敏捷开发方法论中的测试驱动开发（TDD），已经使得测试和开发成为连续的、迭代的过程。

因此，我们说软件开发与测试不是独立、分离的过程，而是相互交织的过程。

（37）（38）参考答案：C D

试题解析　路径覆盖要求程序中每条路径都至少执行一次，题干图中共有三个判断，每个判断都需要2个用例，因此需要6个测试用例。

McCabe 度量法认为，程序的复杂性在很大程度上取决于流程图的复杂性，流程图中单一的顺序结构最为简单，而循环或选择（判断）所构成的环路越多，程序就越复杂，因此该方法通过流程图中环路的数量来评估程序的复杂性：环路复杂性=流程图中所包含的封闭区域的个数（环数）+1。题干图中共有3个环，因此环路复杂性=3+1=4。

（39）参考答案：C

试题解析　多态指父类中的同一个方法在不同的子类中有不同的实现。比如一个"动物"类中有一个"发声"方法，子类鸡和子类鸭可以分别根据自己的需要实现父类中的"发声"方法，以使鸡可以发出鸡的声音、鸭可以发出鸭的声音。无论是鸡和鸭，要发出叫声，调用的都是"发声"方法（即选项C中所说的"针对同一消息"），但这个方法，作用到鸡对象，发出的是鸡的叫声；作用到鸭对象，发出的是鸭的叫声，也就是"不同对象可以适合自身的方式加以响应"。

（40）参考答案：A

试题解析　类的设计原则主要有7个：开闭原则、里氏代换原则、迪米特原则（最少知道原则）、单一职责原则、接口分隔原则、依赖倒置原则、组合/聚合复用原则。

开放封闭原则指软件实体（类、模块、函数等）应该是可以扩展的（即对扩展开放），但不应该可修改（即对修改封闭）。简单来说就是：你可以在我的基础上扩展，但不能对我进行修改。

接口分离原则是指不应该强迫客户依赖于他们不用的方法（即我用不到的方法不要放在我的接口内，接口属于客户（即要根据客户的需要提供专用接口），不属于它所在的类层次结构（接口不是类，但需要被类所实现，而且各层次的类都可以对接口进行实现）。即（接口要）依赖于抽象，不依赖于具体（允许接口有不同实现方式），同时，在抽象级别不应该有对于细节的依赖（在设计接口时不要想具体应该怎么实现）。

（41）参考答案：C

试题解析　继承关系是父类与子类之间的关系。关联关系是一种对应关系，如丈夫与妻子、学生与老师。聚合关系是整体与部分的关系（整体于部分组成）。依赖关系中一个类的变化会影响另一个类，如小汽车依赖于汽油。计算机类与鼠标类的关系是聚合关系。

（42）（43）参考答案：A D

试题解析　用例（Use Case）图是从用户的角度描述了系统的功能，并指出各个功能的执行者，强调与其他用例或用户的交互（用例本身是一个可以独自完成特定功能的模块，因此也可被看作是某个层次上的子系统，因此也可以说是"描述系统与外部系统及……"），系统为执行者完成哪些功能。

类图展现了一组对象、接口、协作和它们之间的关系。在面向对象系统的建模中，类图给出系统的静态设计视图。

对象图是描述的是参与交互的各个对象在交互过程中某一时刻的状态，对象图可以被看作是类图在某一时刻的实例。

组件图展现了一组组件之间的组织和依赖关系。

通信图也是一种交互图，它强调收发消息的对象或参与者的结构组织。

配置图是用来对面向对象系统的物理方面进行建模的方法，它展现了运行时处理节点以及其中构件（制品）的配置。

顺序图是一种交互图，交互图展现了一种交互，它由一组对象或参与者以及它们之间可能发送的消息构成。顺序图是强调消息的时间次序的交互图。

（44）**参考答案**：C

试题解析 创建型模式是指那些适用于创建对象的设计模式。创建型模式主要有五种：工厂方法模式、抽象工厂模式、单例模式、建造者模式、原型模式。

结构型模式主要有7种：适配器模式、装饰器模式、代理模式、外观模式、桥接模式、组合模式、享元模式。

行为型模式主要有11种：策略模式、模板方法模式、观察者模式、迭代子模式、责任链模式、命令模式、备忘录模式、状态模式、访问者模式、中介者模式、解释器模式。

（45）**参考答案**：A

试题解析 策略模式可针对一组算法，将每个算法封装到具有相同接口的独立类中，从而使得它们可以相互替换，即算法可以在不影响客户端的情况下发生变化。装饰模式就是把要添加的附加功能分别放在单独的类中，并让这个类包含它要装饰的对象，当需要执行时，客户端就可以有选择地、按顺序地使用装饰功能包装对象。单例模式只拥有一个对象，但不用全局对象来控制对象的实例化。观察者模式定义对象间一种一对多的依赖关系，当一个对象的状态发生改变时，所有依赖于它的对象都得到通知并被自动更新。

（46）**参考答案**：B

试题解析 备忘录模式（Memento Pattern）保存一个对象的某个状态，以便在适当的时候恢复对象。备忘录模式属于行为型模式，其意图是在不破坏封装性的前提下，捕获一个对象的内部状态，并在该对象之外保存这个状态，这样可以在以后将对象恢复到原先保存的状态。

（47）**参考答案**：D

试题解析 由图可知X状态即是初态又是终态。X状态接收0会转换为Y状态；Y状态接收1后维持Y状态，接收0后会转换到X状态并结束。因此该状态转换图只有接收偶数个0时才会结束。

（48）**参考答案**：A

试题解析 题干自动机是一个非确定的自动机，这里分为两种状况：①有输入的情况下，它可以转换状态；②存在ε的情况，即在没有任何字符输入的情况下，也可以从一个状态迁移到另一个状态。题干自动机从A到B状态的转换不必输入字符串就能实现，因此在这个过程中"0或1"是能出现0次也能出现无数次的。只有选项A符合要求。

(49) **参考答案**：A

🔖**试题解析** 词法分析遵循词法规则，把字符串分解为词；语法分析遵循语法规则，发现字符串的语法错误；语义分析遵循语义规则，使计算机可理解字符串的含义。因此，一个程序的意义，是由语义规则来定义的。中间代码生成遵循的是语义规则，并且语义规则可以定义一个程序的意义。

(50) (51) **参考答案**：D A

🔖**试题解析** 可以推导出关系中任意一个属性的一个或一组属性的最小集合称为候选码，构成候选码的所有属性，都称为主属性，不属于候选码的属性都属于非主属性。B→D 的含义为由属性 B 可推导出属性 D，AB→C 的含义是 AB 可推导出 A、B、C，因此，只要给定 AB，即可推导出 A、B、C、D，即 R，因此 AB 是候选码。

关系 R 中的所有属性不可再分，因此属于 1NF。候选码为 AB，C、D 为非主属性，因为 B→D，所以 F 中存在非主属性 D 对候选码的部分函数依赖，因此 R 不属于 2NF。综上，R 属于 1NF。

(52) (53) **参考答案**：D B

🔖**试题解析** R⋈S 运算后，运算结果为 R。A，B，C，D，E 共 5 列，最后元组为 $(1,b_1,c_1,d_1,e_1)$，$(1,b_1,c_1,d_2,e_2)$，$(2,b_2,c_2,d_3,e_1)$ 共 3 个元组。

(54) **参考答案**：A

🔖**试题解析** 数据库系统在其内部具有三级模式和二级映像。三级模式分别是外模式（从外面看起来数据是什么样子）、模式（数据的逻辑关系是什么样子）和内模式（数据在物理上是如何组织存储的），二级映像则是外模式/模式映像、模式/内模式映像。

应用程序是依据实际的外模式编写的，当数据库中数据的逻辑结构（即模式）改变时，只要外模式不变则应用程序就不受影响。所以，外模式/模式映像提高了数据与程序的独立性。

(55) **参考答案**：B

🔖**试题解析** 模式对应着概念级，它是由数据库设计者总和所有用户的数据，按照统一的观点构造的全局逻辑结构，是对数据库中全部数据的逻辑结构和特征的总体描述，是所有用户的公共数据视图（简单来说，模式就是数据库中所有的表结构及其关系）。

外模式对应于用户级，它是某个或某几个用户看到的数据库的数据视图，是与某一应用有关的数据逻辑的表示。外模式是从模式导出的一个子集，包含模式中允许特定用户使用的那部分数据。

内模式对应于物理级，它是数据库中全部数据的内部表示或底层描述，是数据库最低一级的逻辑描述，它描述了数据在存储介质上存储方式的物理结构。

(56) **参考答案**：B

🔖**试题解析** 栈是先进后出，队列是先进先出。由于入栈顺序为 abcdeft，出队顺序是 bdcfeag，因此根据出队的次序可以知道：

①b 第一个出队：则栈内应依次压入 a、b，栈高变为 2；然后把 b 弹出并入队，栈高变为 1。
②d 第二个出队：则栈内应再依次压入 c、d，栈高变为 3；然后把 d 弹出并入队，栈高变为 2。
③c 第三个出队：则栈内应直接弹出 c 并入队，栈高变为 1。
④……根据上述方法依次确定栈的栈高，最终可确定栈最高时为 3，即栈的容量至少应为 3。

(57) **参考答案**：D

🔖**试题解析** 哈夫曼树也称最优二叉树，对于一组给定的节点，它是带权路径长度最小的二叉树。哈夫曼树是由下向上构造的，其节点的度（节点拥有子节点的数量。）只可能是 0 度或 2 度。首先我们按左 0 右 1 的原则把四个选项的哈夫曼树都表示出来，然后发现选项 D 的哈夫曼树中有节点的度为 1，这是不可能的，因此选 D。

选项 A 的哈夫曼树：

选项 B 的哈夫曼树：

选项 C 的哈夫曼树：

选项 D 的哈夫曼树：

（58）**参考答案**：D

试题解析　在树中，某个节点的度是指该节点的（直接）子节点的个数。根据定义可知：

①所有叶子节点的度数为 0；②树的总节点数=所有节点度之和+1。

本题中,树的总度数=5*4+7*3+3*2+9*1+1=57=N0+N1+N2+N3+N4=N0+5+7+3+9,可得 N0=33,即叶子节点数为 33 个。

(59) 参考答案：C

试题解析 构造二叉排序树的过程是：①以第一个元素作为根节点；②后面的两个元素与根节点比较,小的放左边,大的放右边,如果都小,则把第二个元素放根节点左侧后,再把第二个元素后的两个元素与第二个元素比较,小的放左边大的放右边……依次类推。由此可构造出选项 A、选项 B、选项 D 的二叉排序树的图形如下所示。

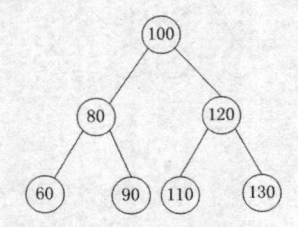

选项 C 构造出来的二叉排序树的图形如下所示。

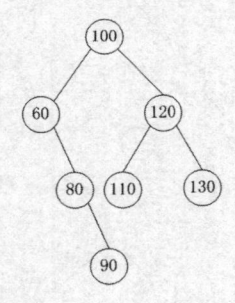

(60) 参考答案：C

试题解析 邻接矩阵 A 为非对称矩阵,说明图是有向图,各顶点的出度为矩阵行中 1 的个数,即 2,2,1,1。

(61) 参考答案：B

试题解析 根据折半查找思想,第一次比较的元素下标 mid=(0+10)/2=5,由于数据下标从 0 开始,因此 A[5]表示的是第 6 个元素,其元素值为 6,因此第一次是与 6 比较,比较发现 11 与 6 大,因此再从 6 的右侧进行折半比较,同理可知第二次与元素 9 比较,比较发现 11 比 9 大,因此需要再从 9 的右侧进行折半,此时 9 的右侧只有 10 和 11 两个元素了,那么先跟 10 比较还是先跟 11 比较呢？这就是题目给出"向下取整"的用意：mid=(9+10)/2=9.5,因此向下取整就是 9,即要跟 A[9]比较,即与 10 比较。

(62) 参考答案：C

试题解析 49%11=5,跟节点 38 的存储地址发生冲突,那么根据线性探测法的规则,应该从 5 这个位置向后线性探查,结果发现 6、7 两个位置皆被占,因此应该放在位置 8。

（63）**参考答案**：B

试题解析 对于具有 n 个顶点的图 G=(V,E)，其邻接矩阵是一个 n 阶方阵，且是对称的，因此矩阵的大小为 n*n=n²。

（64）**参考答案**：A

试题解析 冲突域就是指在同一网络范围（网段）内，两台或多台设备若同时发送信息时会产生信号冲突的区域。比如，集线器只能串行处理其下挂电脑的通信，下挂的任意两台电脑若同时发送信息就会产生信号冲突，因此集线器无法隔离冲突；而对于交换机，端口与所连接的设备的通信线路都是独立的，如果其连接的都是主机，则所有主机都可以同时发送信息而不会产生信号冲突，也就是说，交换机可以隔离冲突。

数据链路层设备（交换机、网桥）可以隔离冲突域，不能隔离广播域。网络层设备（路由器）既可以隔离冲突域，又可以隔离广播域。物理层设备（中继器、集线器）无法隔离冲突域和广播域。

（65）**参考答案**：B

试题解析 报文交换无需在两个站点间建立专用通路，即无需建立"连接"。其数据传输的单位是"报文"，一个"报文"包含了一次要传输的所有数据，因此长度不定。传送过程采用的是"存储转发"方式，因此交换节点需要较大的存储空间。报文在经过中间节点的接收、存储、转发也需较长时间。可见，报文交换不适用于实时通信应用环境，如实时语音、实时视频等。

（66）**参考答案**：C

试题解析 电气特性规定传输二进制位时，线路上信号的电压高低、阻抗匹配、传输速率和距离限制等。功能特性指明某条线路上出现的某一电平表示的意义，以及接口部件的信号线的用途。机械特性指物理接口的机械结构，如接口形状、尺寸、引脚数量及排列方式。规程特性规定通信过程中的时序、信号顺序与流程规则。

（67）**参考答案**：C

试题解析 WLAN（Wireless Local Area Network）即无线局域网，它主要采用的是 IEEE 802.11 标准。

（68）**参考答案**：C

试题解析 C 类地址前 3 个字节即 24 是网络号。要划分 5 个子网至少需 3 位作为网络位；每个子网 20 个主机则至少需 5 位作为主机位。因此子网掩码应为 255.255.255.11100000，即 255.255.255.224。

（69）**参考答案**：C

试题解析 表示层负责对数据的表示进行处理，数据表示是指数据的压缩、加密解密等。

（70）**参考答案**：B

试题解析 私钥是不公开的。

（71）（72）（73）（74）（75）**参考答案**：C B C B D

试题翻译 在物理安全和信息安全领域，访问__(71)__是对一个地方或其他资源访问的选择性限制。访问的行为可能意味着消费、进入或使用。对访问资源的允许称为__(72)__。

访问控制机制连接着用户（或者是一个代表用户执行的进程）和系统资源，如应用程序、操作系统、防火墙、路由器、文件和数据库。系统必须首先对寻求访问的用户进行身份验证。通常，身份验证功能先决定用户是否被允许访问系统。然后，访问控制功能决定是否允许该用户的特定访问需求。安全管理员__(73)__一个授权数据库，该数据库规定了该用户可以对哪个资源进行什么类型的访问。访问控制功能根据此数据库来确定是否授予访问权。审计功能__(74)__并保存用户访问系统资源的记录。

在实践中，多个用户可以共享访问控制功能。所有操作系统都至少有一个__(75)__，而且在许多情况下还是相当健壮的访问控制组件。附加安全包可以提高操作系统的自动访问控制能力。特定的应用程序或工具如数据库管理系统，也包括访问控制功能。外部设备如防火墙，也可以提供访问控制服务。

(71) A. 合作　　　　　B. 协调　　　　　C. 控制　　　　　D. 调解
(72) A. 功能　　　　　B. 授权　　　　　C. 安全　　　　　D. 能力
(73) A. 开放　　　　　B. 监控　　　　　C. 维护　　　　　D. 寻求
(74) A. 组件　　　　　B. 监控　　　　　C. 机制　　　　　D. 算法
(75) A. 远程的　　　　B. 本地的　　　　C. 可控的　　　　D. 基本的

软件设计师 机考试卷第 1 套
应用技术卷参考答案/试题解析

试题一 参考答案/试题解析

【问题 1】参考答案

E1：考试委员会；E2：主讲教师；E3：选课学生；E4：教务处。

试题解析

此类型题目只需对照图片阅读题干，即可找到完整答案，注意一定要用题干中出现的词语。

【问题 2】参考答案

D1：学生信息文件；D2：课程单元信息文件；D3：课程信息文件；D4：课程成绩文件；D5：无效成绩文件（D2 与 D3 可互换）。

【问题 3】参考答案

第一条数据流：课程成绩，起点为 D4（课程成绩文件），终点为加工 4（生成成绩列表）。
第二条数据流：学生信息，起点为 D1（学生信息文件），终点为加工 5（生成最终成绩单）。
第三条数据流：成绩列表，起点为加工 4（生成成绩列表），重点为加工 5（生成最终成绩单）。

试题解析

顶层数据流图关注外部实体与系统整体的交互，0 层数据流图关注外部实体与系统内部实体的交互以及系统内部实体之间的交互。

找缺失数据流类的题目最有效的办法是逐字阅读功能描述，从中找出表示数据"流动"的动词，然后再看该数据是什么数据，从哪里来，到哪里去，图上是否明已经表示出了这个数据的流动，如果没有，则表示这是一条缺失的数据流。①阅读功能描述 1，可知这是对业务需求背景的描述，事实上并非功能，因此略过；②阅读功能描述 2，发现有"上传给"这个动词，但发现数据流向的不是一个具体位置，而是"成绩管理系统"，这显然是顶层数据流图中的内容，因此也略过；③阅读功能描述 3，可以发现"确认"是个关键的动词（"确认"是"验证"的具体化，因此"确认"是关键动词），这个确认的对象是什么呢？是"成绩"（也就是数据），进一步又知这个"成绩"分为"有效成绩"和"无效成绩"，这两个成绩从哪里来呢？这是"1 验证学生信息"这个处理过程的输出，对照 0 层数据流图，可见这两个数据的流已经存在，则同理继续向后检查关键动词，直到找出 3 条缺失的数据流。

试题二 参考答案/试题解析

【问题 1】参考答案

根据题意描述，可补充 E-R 图信息如下。

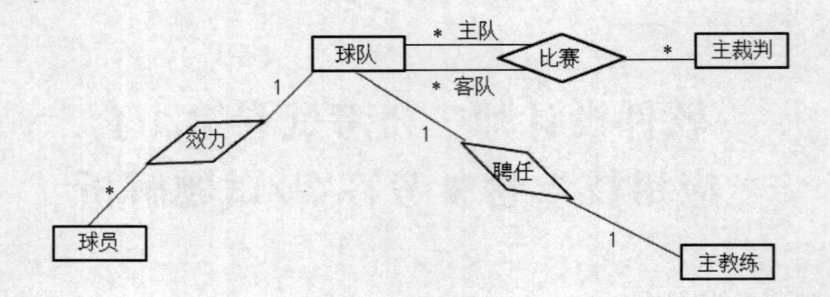

试题解析

根据【需求分析】（2）和（4），可知各实体间存在的联系及联系类型。

【问题 2】参考答案

（1）球队编号 （2）球队编号
（3）获取证书时间 （4）日期

试题解析

根据【需求分析】（2）中关于各实体间关系的描述，可知"一名球员只能效力于一支球队"，因此在"球员"表中，需要引用球队表中的"球队编号"作为外键，因此 1 处应填"球队编号"。同样的方法可得出其他的答案。

【问题 3】参考答案

比赛编码、比分、日期。

试题解析

本题的关键是正确理解"属性"这两个字的含义。对于一张表来说，其中的每个字段都是一个"属性"。但此处，"比赛属性"是指比赛自身所特有的性质，比如，比赛中的客队编号就不是比赛特有的，是而源自关系"球队"。

【问题 4】参考答案

补充完整的实体联系图如下图所示。

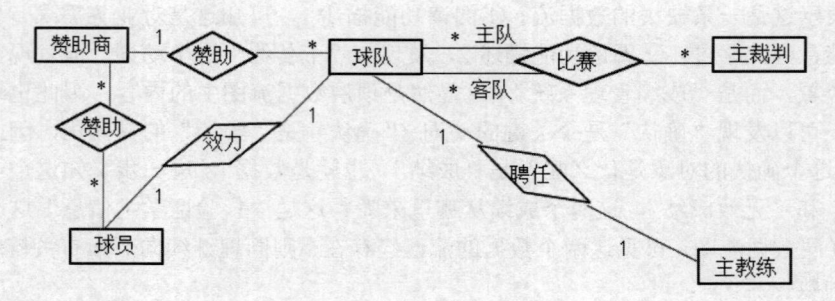

试题三　参考答案/试题解析

【问题 1】参考答案

Run Robots、Manipulate Robots、Run、Step、Write、Move、Left、Read。

试题解析

系统总共给出两大功能：Run Robots 和 Manipulate，而用户与系统的关系是使用这两大功能，因此 U1 与 U2 必然是这两大功能。按照上述分析可得到本题答案。U3 与 U4 的答案可以互换。由于 Show Errors 依赖于 U5，因此根据题干描述 U5 必须是 Write，而 U6，U7，U8 这三个答案也可互换。

【问题 2】参考答案

U3 和 U4 和 Run Program 有泛化关系。
U5、U6、U7、U8 和 Select Robot 有扩展关系。

试题解析

如果多个用例中具有一些共同的结构或行为，可以考虑把这些共同的结构或行为拿出来，放到一个单独的用例之中，这个过程称为泛化（Generalization），也称一般化，可见，泛化是继承相反的过程，表示方法也相同，只是描述时，如果我们说 A 是 B 和 C 的泛化，则也可以说 B 和 C 继承自 A。因此很容易理解，泛化关系的箭头应是从"多方"指向"单方"的实线。本题中，U3（Run）和 U4（Step）的这两个用例的执行都需要先运行程序（Run Program），因此就把 Run Program 提出来作为一个独立的用例，因此 Run Program 是 Run 和 Step 的泛化（一般化）。

如果一个用例中，根据不同的条件会触发不同的运行场景，则可以把这些不同的运行场景生成单独用例，这个生成单独用例的过程称为扩展（Extend）。本例中，Select Robot 用例中只保留"选中一个机器人"及其相关操作的触发条件，而相关操作的实现则通过不同的子用例如 Move、Left、Read、Write 来实现，因此，这些子用例都是 Select Robot 用例的扩展。

【问题 3】参考答案

C1：文件；C2：机器人在虚拟世界中的行为；C3：Instruction；C4：Instruction Set；C5：Editor。

试题解析

本题中给出了三个类的类名："仿真系统"、Interpreter、Parser。由 C1 与 Interpreter 和 Parser 这两个类的关系，结合题干可知 C1 为文件。由初始类图可知 C1 与 C2 是聚合关系，结合题干"机器人在虚拟世界中的行为也在文件（即 C1）中定义"，可知 C2 是"机器人在虚拟世界中的行为"。同样的思路，可分析出其他类的类名。

试题四 参考答案/试题解析

【问题 1】参考答案

（1）arr[p+i]　　　　　　　　　　（2）arr[k]=right[j]
（3）(begin+end)/2　　　　　　　（4）mergeSort(arr,begin,mid)

试题解析

本题主要考查递归思想。mergeSort()函数把输入数组 arr 层层地进行左右分割，直至在某个层次上，左半部分只剩了 1 个元素，右半部分也只剩 1 个元素，每部分由于只有 1 个元素，因此是有序的，这个有序是天然的，事实上也只有这一步的有序是在 mergeSort()内部完成的。然后 merge() 函数负责把这两个有序的部分合并，合并的过程也需要排序，这时的排序是把两个有序部分排成一个有序整体，事实上，merge()中的这个排序才是真正的排序。

【问题 2】参考答案
（5）分治　　　　　　　　　　　　（6）O(n)

【问题 3】参考答案
（7）n1+n2-1

试题解析
如果看不懂代码，本题最简单的办法是通过最简实验来得到答案：①首先以两个只有 1 个元素的子数组作为例子：此时 n1+n2=2，需 1 次比较完成归并（合并）；②再以分别包括 2 个元素和 1 个元素的有序数组为例进行合并，此时 n1+n2=2，需 2 次比较完成归并。因此可以推断共需 n1+n2-1 次比较。

试题五　参考答案/试题解析

参考答案
（1）virtual void Execute() = 0
（2）receiver->Action()
（3）ConcreteCommand* command = new ConcreteCommand(&receiver)
（4）Invoker invoker(command)
（5）invoker.executeCommand()

试题解析
本题主要考查 C++的一些基本概念及代码知识。

析构函数是一种特殊的函数，用来在对象消亡时被自动调用，可以实现释放内存等操作。一个类中最多有一个析构函数，析构函数没有参数和返回值，函数名以~开头，名称的后续部分与类名相同。

虚函数是指在类中以 virtual 关键字所定义的函数，虚函数可以在主类和派生类里分别进行实现，以达到函数的多态效果。而纯虚函数是虚函数的一个子集，纯虚函数只能在主类里定义但不能在主类里实现，因此包含纯虚函数的主类一定是抽象类，不可以被实例化。可见，纯虚函数可以看作是对虚函数定义的一种规范化。在定义上，纯虚函数需在虚函数定义的基础上，后面再加"=0"。

试题六　参考答案/试题解析

参考答案
（1）void Execute()
（2）this.receiver = receiver
（3）Command command = new ConcreteCommand(receiver)
（4）Invoker invoker = new Invoker(command)
（5）invoker.ExecuteCommand()

软件设计师 机考试卷第2套
基础知识卷

- 在 CPU 中，跟踪下一条要执行指令地址的寄存器是 (1) 。
  - (1) A. PC　　　　　B. MAC　　　　　C. MDR　　　　　D. IR
- 使用海明码对长度为 8 位的数据进行检错和纠错时，若能纠正一位错，则校验位数至少为 (2) 位。
  - (2) A. 3　　　　　B. 4　　　　　C. 5　　　　　D. 6
- 下列关于虚拟存储器的说法，错误的是 (3) 。
  - (3) A. 虚拟存储器利用了局部性原理
        B. 页式虚拟存储器的页面如果很小，主存中存放的页面数较多，导致缺页频率较低，换页次数减少，可以提升操作速度。
        C. 页式虚拟存储器的页面如果很大，主存中存放的页面数较少，导致页面调度频率较高，换页次数增加，降低操作速度。
        D. 段式虚拟存储器中，段具有逻辑独立性，易于实现程序的编译、管理和保护，也便于多道程序共享
- 设机器字长为 64 位，存储器的容量为 128MB，若按字编址，它可寻址的地址个数是 (4) 。
  - (4) A. 16MB　　　　　B. 16M　　　　　C. 32M　　　　　D. 32MB
- 假设指令流水线把一条指令分为取指、分析、执行 3 个部分，且 3 个部分的时间分别是 t1=2ns，t2=2ns，t3=1ns，则 100 条指令全部执行完需要 (5) 。
  - (5) A. 163ns　　　　　B. 183ns　　　　　C. 193ns　　　　　D. 203ns
- 数据的格式转换及压缩属于 OSI 参考模型中 (6) 的功能。
  - (6) A. 应用层　　　　　B. 表示层　　　　　C. 会话层　　　　　D. 传输层
- 下列协议中不属于 TCP/IP 协议簇的是 (7) 。
  - (7) A. ICMP　　　　　B. TCP　　　　　C. FTP　　　　　D. HDLC
- IP 规定每个 C 类网络最多可以有 (8) 台主机或路由器。
  - (8) A. 254　　　　　B. 256　　　　　C. 32　　　　　D. 512
- ARP 的功能是 (9) 。
  - (9) A. 根据 IP 地址查询 MAC 地址　　　　B. 根据 MAC 地址查询 IP 地址
        C. 根据域名查询 IP 地址　　　　D. 根据 IP 地址查询域名
- 在 TCP/IP 体系结构中，直接为 ICMP 提供服务的协议是 (10) 。
  - (10) A. PPP　　　　　B. IP　　　　　C. UDP　　　　　D. TCP
- 计算机病毒的危害性表现在 (11) 。
  - (11) A. 能造成计算机部分配置永久失效　　　　B. 影响程序的执行或破坏用户数据

C．不影响计算机的运行速度　　　　　D．不影响计算机的运算结果

● 下列作品中不受著作权保护的是 (12) 。
(12) A．产品说明书
B．建筑设计图纸和模型
C．世界贸易组织的《知识产权协定》的官方中文译文
D．投标书

● 某公司于 2021 年 3 月开始研发"H-1"教学管理软件，2021 年 8 月完成，2021 年 11 月完成软件登记，2022 年 1 月开始销售，该公司在 (13) 取得了"H-1"软件著作权。
(13) A．2021 年 3 月　　B．2021 年 8 月　　C．2021 年 11 月　　D．2022 年 1 月

● 根据我国商标法，下列商品中必须使用注册商标的是 (14) 。
(14) A．核磁共振治疗仪　　　　　　　B．墙壁涂料
C．无糖饮料　　　　　　　　　　D．烟丝制品

● 下面关于数据流图中加工的描述正确的是 (15) 。
(15) A．每个加工只能有一个输入流和一个输出流
B．每个加工最多有一个输入流，可以有多个输出流
C．每个加工至少有一个输入流和一个输出流
D．每个加工都是对输入流进行变换，得到输出流

● 以下 (16) 不是面向对象的特征。
(16) A．多态性　　　B．继承性　　　C．封装性　　　D．过程调用

● 面向对象的分析方法主要是建立三类模型，分别是 (17) 。
(17) A．系统类型、ER 模型、应用模型　　B．对象模型、动态模型、应用模型
C．ER 模型、对象模型、功能模型　　D．对象模型、动态模型、功能模型

● 目标代码生成阶段的主要任务是 (18) 。
(18) A．把高级语言翻译成汇编语言
B．把高级语言翻译成机器语言
C．把中间代码变换成依赖具体机器的目标代码
D．把汇编语言翻译成机器语言

● 后缀 ab+cd+/ 可用表达式 (19) 来表示。
(19) A．a+b/c+d　　B．(a+b)/(c+d)　　C．a+b/(c+d)　　D．a+b+c/d

● 已知 NFA 如下图，则其表达的正规式是 (20) 。

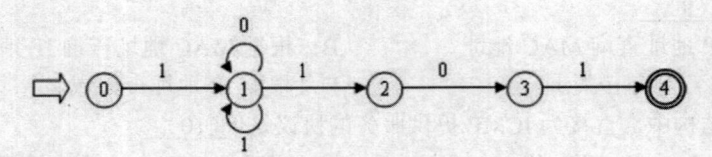

(20) A．1(0|1)*101
B．1(0|1)+101
C．10*1*101
D．10+1+101

- 下列对于临界区的描述正确的是__(21)__。
    (21) A. 临界区是指进程中用于实现进程互斥的那段代码
         B. 临界区是指进程中用于实现进程同步的那段代码
         C. 临界区是指进程中用于实现进程通信的那段代码
         D. 临界区是指进程中用于访问临界资源的那段代码
- 若一个信号量的初值是 3，经过多次 PV 操作后当前值为-1，这表示等待进入临界区的进程数是__(22)__。
    (22) A. 1   B. 2   C. 3   D. 4
- 对于两个并发进程，设互斥信号量为 m（初值为 1），若 m=0，则__(23)__。
    (23) A. 表示没有进程进入临界区
         B. 表示有一个进程进入临界区
         C. 表示有一个进程进入临界区，另一个进程等待进入
         D. 表示两个进程进入临界区
- 在一个页式存储管理系统中，页表内容如下所示：

页表：页号	块号
0	2
1	1
2	6
3	3
4	7

若页的大小为 4KB，则地址转换机构将逻辑地址 0 转换为物理地址（块号从 0 开始计算）为__(24)__。
    (24) A. 8192   B. 4096   C. 2048   D. 1024
- 下列关于虚拟存储器的叙述中，正确的是__(25)__。
    (25) A. 虚拟存储器只能基于连续分配技术   B. 虚拟存储器只能基于非连续分配技术
         C. 虚拟存储容量只受外存容量的限制   D. 虚拟存储容量只受内存容量的限制
- 若用 8 个字（字长 32 位）组成的位示图管理内存，假定用户归还一个块号为 100 的内存块时，它对应的位示图的位置为字号__(26)__，位号__(27)__。
    (26) A. 3   B. 4   C. 5   D. 6
    (27) A. 3   B. 4   C. 5   D. 6
- 某文件系统采用索引节点管理，其磁盘索引块和磁盘数据块大小均为 1KB 字节且每个文件索引节点有 8 个地址项 iaddr[0]~iaddr[7]，每个地址项大小为 4 字节，其中 iaddr[0]~iaddr[4]采用直接地址索引，iaddr[5]和 iaddr[6]采用一级间接地址索引，iaddr[7]采用二级间接地址索引。若用户要访问文件 userA 中逻辑块号为 4 和 5 的信息，则系统应分别采用__(28)__，该文件系统可表示的单个文件最大长度是__(29)__KB。
    (28) A. 直接地址访问和直接地址访问

B. 直接地址访问和一级间接地址访问

C. 一级间接地址访问和一级间接地址访问

D. 一级间接地址访问和二级间接地址访问

(29) A. 517　　　　　B. 1029　　　　　C. 65797　　　　　D. 66053

● 为了提高模块的独立性，模块内部最好的是__(30)__。

(30) A. 逻辑内聚　　B. 时间内聚　　C. 功能内聚　　D. 通信内聚

● 在多层次的结构图中，其模块的层次数称为结构图的__(31)__。

(31) A. 深度　　　　B. 跨度　　　　C. 控制域　　　D. 粒度

● 以下关于增量模型的叙述中，正确的是__(32)__。

(32) A. 需求被清晰定义　　　　　　B. 不适宜商业产品的开发

C. 每个增量必须要进行风险评估　　D. 可以快速构造核心产品

● 在敏捷过程的方法中，__(33)__认为每一个不同的项目都需要一套不同的策略、约定和方法论。

(33) A. 极限编程（XP）　　　　　　B. 水晶法（Crystal）

C. 并列争球法（Scrum）　　　　D. 自适应软件开发（ASD）

● 下列说法中正确的是__(34)__。

(34) A. 经过测试没有发现错误说明程序正确

B. 测试的目标是为了证明程序没有错误

C. 成功的测试是发现了迄今尚未发现的错误的测试

D. 成功的测试是没有发现错误的测试

● 结构化测试中，覆盖性最强的是__(35)__。

(35) A. 语句覆盖　　B. 判定覆盖　　C. 条件覆盖　　D. 路径覆盖

● 在面向对象方法中，将逻辑上相关的数据以及行为绑定在一起，使信息对使用者隐蔽，这称为__(36)__。当类中的属性或方法被设计为 private 时，__(37)__可以对其进行访问。

(36) A. 抽象　　　　B. 继承　　　　C. 封装　　　　D. 多态

(37) A. 应用程序中的所有方法　　　　B. 只有此类中定义的方法

C. 只有此类中定义的 public 方法　　D. 同一个包中的类中定义的方法

● __(38)__体现的是一种 contains-a 的关系，体现整体与部分间的关系，但此时整体与部分是不可分的，整体的生命周期结束也就意味着部分的生命周期结束。

(38) A. 泛化　　　　B. 关联　　　　C. 聚合　　　　D. 组合

● __(39)__设计模式将对象组合成树形结构以表示"部分-整体"的层次结构，使得用户对单个对象和组合对象的使用具有一致性；__(40)__设计模式定义对象间的一种一对多的依赖关系，当一个对象的状态发生改变时，所有依赖于它的对象都得到通知并被自动更新；要使一个后端数据模型能够被多个前端用户界面连接，采用__(41)__模式最适合。

(39) A. 组合（Composite）　　　　　B. 外观（Facade）

C. 享元（Flyweight）　　　　　D. 装饰器（Decorator）

(40) A. 工厂方法（Factory Method）　B. 享元（Flyweight）

C. 观察者（Observer）　　　　　D. 中介者（Mediator）

(41) A．装饰器（Decorator） B．享元（Flyweight）
　　　C．观察者（Observer） D．中介者（Mediator）
● UML 提供了 4 种结构图用于对系统的静态方面进行可视化、详述、构造和文档化。其中 (42) 是面向对象系统规模中最常用的图，用于说明系统的静态设计视图；当需要说明系统的静态实现视图时，应该选择 (43) ；当需要说明体系结构的静态实施视图时，应该选择 (44) 。
(42) A．构件图 B．类图 C．对象图 D．部署图
(43) A．构件图 B．协作图 C．状态图 D．部署图
(44) A．构件图 B．对象图 C．状态图 D．部署图
● 下图所示的有限自动机中 0 是初始状态，3 是终止状态，该自动机不可以识别 (45) 。

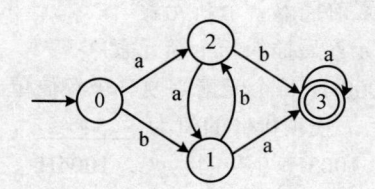

(45) A．abba B．abaa C．aaaa D．bbba
● 数据库中，数据的物理独立性是指 (46) 。
(46) A．数据库与数据库管理系统的相互独立
　　　B．用户程序与 DBMS 的相互独立
　　　C．用户的应用程序与存储在磁盘上的数据库中的数据是相互独立的
　　　D．应用程序与数据库中数据的逻辑结构相互独立
● 在数据库中存储的是 (47) 。
(47) A．数据 B．数据模型 C．数据及数据之间的联系 D．信息
● 有关系 R(A,B,C)和 S(C,D)，则与关系代数表达式 $\prod_{A,B,D}(\sigma_{R.C=S.C}(R \times S))$ 等价的 SQL 语句是 (48) 。
(48) A．select A,B from R where(select D from S where R.C=S.C)
　　　B．select A,B,D from R,S where R.C=S.C
　　　C．select A,B,D from R,S where R=S
　　　D．select * from R,S where R.C=S.C
● 下列关于规范化理论的描述，正确的是 (49) 。
(49) A．对于一个关系模式来说，规范化越深越好
　　　B．满足第二范式的关系模式一定满足第一范式
　　　C．第一范式要求非主码属性完全函数依赖关键字
　　　D．规范化一般是通过分解各个关系模式实现的，但有时也有合并
● 设有关系模式 R(A,B,C,D,M,N)，函数依赖集 F={N→D,M→D,D→B,BC→D,DC→N}，R 的候选码为 (50) 。
(50) A．AM B．AC C．CM D．ACM

● 若对 DB 的修改,应该在数据库中留下痕迹,永不消逝。这个性质称为事务的 (51) 。
　　(51) A．持久性　　　　B．隔离性　　　　C．一致性　　　　D．原子性
● 如果有两个事务,同时对数据库中的同一数据进行操作,不会引起冲突的操作是 (52) 。
　　(52) A．其中有一个 DELETE　　　　　B．一个是 SELECT,另一个是 UPDATE
　　　　 C．两个都是 SELECT　　　　　　D．两个都是 UPDATE
● 在一个长度为 n 的带头节点的单链表 h 上,设有尾指针 r,则执行 (53) 操作与链表的表长有关。
　　(53) A．删除单链表中的第一个元素
　　　　 B．删除单链表中的最后一个元素
　　　　 C．在单链表第一个元素前插入一个新元素
　　　　 D．在单链表最后一个元素后插入一个新元素
● 设有一个空栈,栈顶指针为 1000H,每个元素需要一个存储单元,执行 Push、Push、Pop、Push、Pop、Push、Pop、Push 操作后,栈顶指针的值为 (54) 。
　　(54) A．1002H　　　　B．1003H　　　　C．1004H　　　　D．1005H
● 允许对队列进行的操作有 (55) 。
　　(55) A．对队列中的元素排序　　　　　B．去除最近进队列的元素
　　　　 C．在队列元素之间插入元素　　　D．删除队头元素
● 将三对角矩阵 A[1…100][1…100]按行优先存入一维数组 B[1…298]中,A 中元素 A[66][65] 在数组 B 中的位置 k 为 (56) 。
　　(56) A．198　　　　　B．195　　　　　C．197　　　　　D．196
● 假设一棵二叉树的节点个数为 50,则它的最小高度是 (57) 。
　　(57) A．4　　　　　　B．5　　　　　　C．6　　　　　　D．7
● 已知一棵二叉树的后序遍历为 DABEC,中序遍历为 DEBAC,则先序遍历为 (58) 。
　　(58) A．ACBED　　　 B．DECAB　　　 C．DEABC　　　 D．CEDBA
● 已知字符集{a,b,c,d,e,f},若各字符出现的次数分别为 6,3,8,2,10,4,则对应字符集中各字符的哈夫曼编码可能为 (59) 。
　　(59) A．00,1011,01,1010,11,10　　　　 B．11,100,110,000,0010,01
　　　　 C．10,1011,11,0011,00,010　　　　 D．0011,10,11,0010,01,000
● 下列 (60) 的邻接矩阵是对称矩阵。
　　(60) A．有向图　　　　B．无向图　　　　C．AOV 网　　　　D．AOE 网
● 下列选项中,不是下图深度优先搜索序列的是 (61) 。

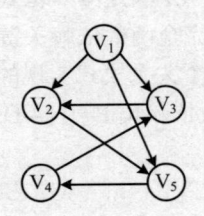

(61) A. V1,V5,V4,V3,V2　　　　　　B. V1,V3,V2,V5,V4
　　　C. V1,V2,V5,V4,V3　　　　　　D. V1,V2,V3,V4,V5

● 一组记录的关键字为 19,14,23,1,68,20,84,27,55,11,10,79，用链地址法构造散列表，散列函数为 H(key)=key MOD 13，散列地址为 1 的链中有 __(62)__ 个记录。

(62) A. 1　　　　B. 2　　　　C. 3　　　　D. 4

● 下列算法中，__(63)__ 算法可能出现下列情况：在最后一趟开始之前，所有元素都不在最终位置上。

(63) A. 堆排序　　B. 冒泡排序　　C. 直接插入排序　　D. 快速排序

● 对一组数据 2,12,16,88,5,10 进行排序，如果前 3 趟排序结果如下，则采用的排序算法可能是 __(64)__ 。
第一趟排序结果：2,12,16,5,10,88
第二趟排序结果：2,12,5,10,16,88
第三趟排序结果：2,5,10,12,16,88

(64) A. 冒泡排序　　B. 希尔排序　　C. 归并排序　　D. 基数排序

● IP 地址块 155.32.80.192/26 包含了 __(65)__ 个主机地址，以下 IP 地址中，不属于这个网络的地址是 __(66)__ 。

(65) A. 15　　　　B. 32　　　　C. 62　　　　D. 64
(66) A. 155.32.80.203　　　　　　B. 155.32.80.197
　　　C. 155.32.80.253　　　　　　D. 155.32.80.181

● 某用户在使用校园网中的一台计算机访问某网站时，发现使用域名不能访问该网站，但是使用该网站的 IP 地址可以访问该网站，造成该故障产生的原因有很多，其中不包括 __(67)__ 。

(67) A. 该计算机与 DNS 服务器不在同一子网
　　　B. 该计算机设置的本地 DNS 服务器工作不正常
　　　C. 该计算机的 DNS 服务器设置错误
　　　D. 本地 DNS 服务器网络连接中断

● TCP 和 UDP 的一些端口保留给一些特定的应用使用，它们为 HTTP 保留的是 __(68)__ 。

(68) A. TCP 的 80 端口　　　　　　B. UDP 的 80 端口
　　　C. TCP 的 25 端口　　　　　　D. UDP 的 25 端口

● 站在协议分析的角度看，WWW 服务的第一步操作是浏览器对服务器的 __(69)__ 。

(69) A. 请求地址解析　　　　　　　B. 传输联接建立
　　　C. 请求域名解析　　　　　　　D. 会话联接建立

● 下列网络应用中，__(70)__ 不适合使用 UDP 协议。

(70) A. 客户机/服务器领域　　　　　B. 远程调用
　　　C. 实时多媒体应用　　　　　　D. 远程登录

● Cloud computing is a phrase used to describe a variety of computing concepts that involve a large number of computers __(71)__ through a real-time communication network such as the Internet. In science, cloud computing is a __(72)__ of distributed computing over a network, and means the __(73)__ to run a program or application on many connected computers at the same time. The architecture of a cloud is developed at three layers: infrastructure, platform, and application. The infrastructure layer is built with virtualized compute storage and network resources. The platform layer is for general-purpose and repeated usage of the collection of software resources. The application layer is formed with a collection of all needed software modules for SaaS applications. The infrastucture layer serves as the ___(74)___ for building the platform layer of the cloud. In turn, the platform layer is foundation for implementing the ___(75)___ layer for SaaS application.

（71） A. connected   B. implemented   C. optimized   D. virtualized
（72） A. replacement   B. switch   C. substitute   D. synonym（同义词）
（73） A. ability   B. approach   C. function   D. method
（74） A. network   B. foundation   C. software   D. hardware
（75） A. resource   B. service   C. application   D. software

软件设计师 机考试卷第 2 套
应用技术卷

试题一

阅读以下说明和图，回答【问题 1】～【问题 4】，将解答填入答题区的对应位置。

【说明】

某音像制品出租商店欲开发一个音像管理信息系统，管理音像制品的租借业务。需求如下。

1. 系统中的客户信息文件保存了该商店的所有客户的用户名、密码等信息。对于首次来租借的客户，系统会为其生成用户名和初始密码。

2. 系统中音像制品信息文件记录了商店中所有音像制品的详细信息及其库存数量。

3. 根据客户所租借的音像制品的品种，会按天收取相应的费用。音像制品的最长租借周期为 1 周，每位客户每次最多只能租借 6 件音像制品。

4. 客户租借某种音像制品的具体流程如下：

（1）根据客户提供的用户名和密码，验证客户身份。

（2）若该客户是合法客户，查询音像制品信息文件，查看商店中是否还有这种音像制品。

（3）若还有该音像制品，且客户所要租借的音像制品数小于等于 6 个，就可以将该音像制品租借给客户。这时，系统给出相应的租借确认信息，生成一条新的租借记录并将其保存在租借记录文件中。

（4）系统计算租借费用，将费用信息保存在租借记录文件中并告知客户。

（5）客户付清租借费用之后，系统接收客户付款信息，将音像制品租借给该客户。

5. 当库存中某音像制品数量不能满足客户的租借请求数量时，系统可以接受客户网上预约租借某种音像制品。系统接收到预约请求后，检查库存信息，验证用户身份，创建相应的预约记录，生成预约流水号给该客户，并将信息保存在预约记录文件中。

6. 客户归还到期的音像制品，系统修改租借记录文件，并查询预约记录文件和客户信息文件，判定是否有客户预约了这些音像制品。若有，则生成预约提示信息，通知系统履行预约服务，系统查询客户信息文件和预约记录文件，通知相关客户前来租借音像制品。

其顶层数据流图和 0 层数据流图如图 1-1 和图 1-2 所示。

【问题 1】（2 分）

图 1-1 中只有一个外部实体 E1。使用【说明】中的词语，给出 E1 的名称。

【问题 2】（4 分）

使用【说明】中的词语，给出图 1-2 中的数据存储 D1～D4 的名称。

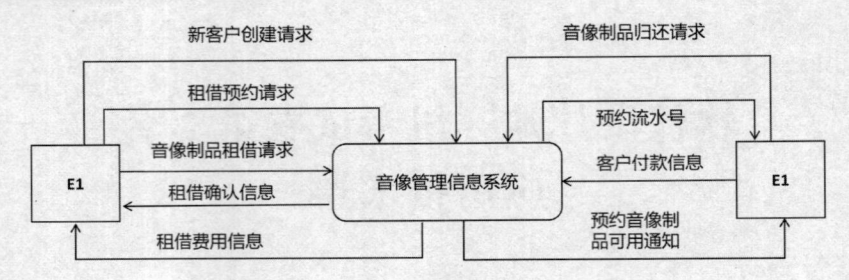

图 1-1 顶层数据流图

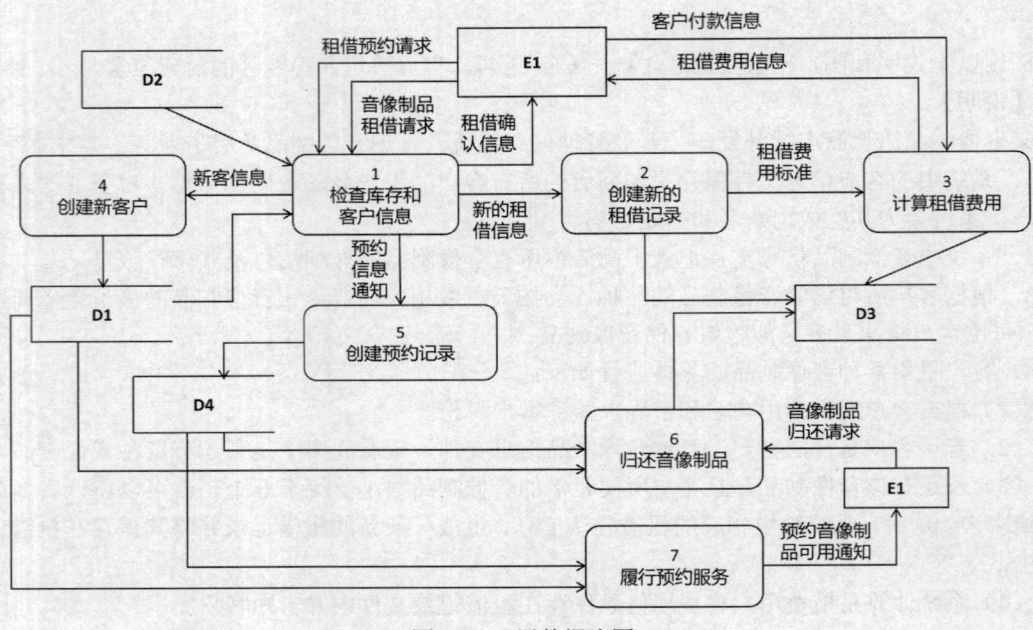

图 1-2 0层数据流图

【问题3】(6分)

数据流图 1-2 缺少了 3 条数据流,根据说明及数据流图 1-1 提供的信息,分别指出这 3 条缺失数据流的起点和终点。

起点	终点

【问题4】(3分)

在进行系统分析与设计时,面向数据结构的设计方法(如 Jackson 方法)也被广泛应用。简要说明面向数据结构设计方法的基本思想及其适用场合。

试题二

阅读下列说明和图，回答【问题1】~【问题4】，将解答填入答题区的对应位置。

【说明】

某宾馆拟开发一个宾馆客房预定子系统，主要是针对客房的预定和入住等情况进行管理。

【需求分析结果】

1．员工信息主要包括：员工号、姓名、出生年月、性别、部门、岗位、住址、联系电话和密码等信息。岗位有管理和服务两种。岗位为"管理"的员工可以更改（添加、删除和修改）员工表中本部门员工的岗位和密码，要求将每一次更改前的信息保留；岗位为"服务"的员工只能修改员工表中本人的密码，且负责多个客房的清理等工作。

2．部门信息主要包括：部门号、部门名称、部门负责人、电话等信息。一个员工只能属于一个部门，一个部门只有一位负责人。

3．客房信息包括：客房号、类型、价格、状态等信息。其中类型是指单人间、三人间、普通标准间、豪华标准间等；状态是指空闲、入住和维修。

4．客户信息包括：身份证号、姓名、性别、单位和联系电话。

5．客房预定情况包括：客房号、预定日期、预定入住日期、预定入住天数、身份证号等信息。一条预定信息必须且仅对应一位客户，但一位客户可以有多条预定信息。

【概念模型设计】

根据需求阶段收集的信息，设计的实体联系图（不完整）如图2-1所示。

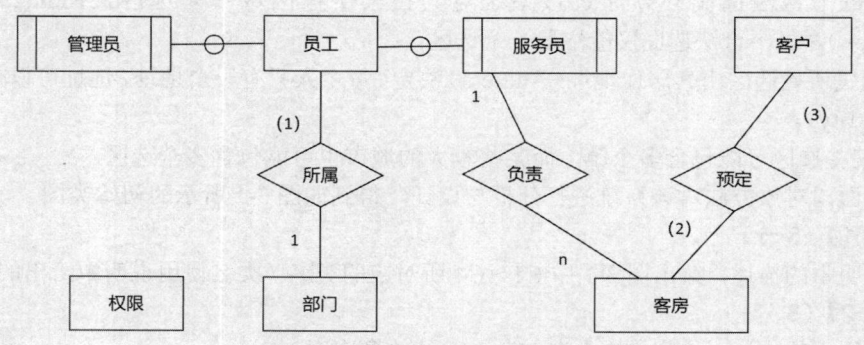

图2-1 实体联系图（不完整）

【逻辑结构设计】

逻辑结构设计阶段设计的部分关系模式（不完整）如下：

员工（__(4)__，姓名，出生年月，性别，岗位，住址，联系电话，密码）

权限（岗位，操作权限）

部门（部门号，部门名称，部门负责人，电话）

客房（__(5)__，类型，价格，状态，入住日期，入住时间，员工号）

客户（__(6)__，姓名，性别，单位，联系电话）
更改权限（员工号，__(7)__，密码，更改日期，更改时间，管理员号）
预定情况（__(8)__，预定日期，预定入住日期，预定入住天数）

【问题1】（6分）
根据问题描述，填写图2-1中（1）～（3）处联系的类型。联系类型分为一对一、一对多和多对多三种，分别使用 1:1，1:*，*:* 表示。

【问题2】（2分）
补充图2-1中的联系并指明其联系类型。

【问题3】（5分）
根据需求分析结果和图2-1，将逻辑结构设计阶段生成的关系模式中的空（4）～（8）补充完整（注：一个空可能需要填多个属性）。

【问题4】（2分）
若去掉权限表，并将权限表中的操作权限属性放在员工表中（仍保持管理和服务岗位的操作权限规定），则与原有设计相比有什么优缺点（请从数据库设计的角度进行说明）。

试题三

阅读下列说明和图，回答【问题1】～【问题3】，将解答填入答题区的对应位置。

【说明】
某公司要开发一个管理选民信息的软件系统。系统的基本需求描述如下：
（1）每个人（Person）可以是一个合法选民（Eligible）或者无效的选民（Ineligible）。
（2）每个合法选民必须通过该系统对其投票所在区域（即选区，Riding）进行注册（Registration）。每个合法选民仅能注册一个选区。
（3）选民所属选区由其居住地址（Address）决定。每个人只有一个地址，地址可以是镇（Town）或者城市（City）。
（4）某些选区可能包含多个镇，而某些较大的城市也可能包含多个选区。
现采用面向对象方法对该系统进行分析与设计，得到如图3-1所示的初始类图。

【问题1】（8分）
根据说明中的描述，给出图3-1中C1～C4所对应的类名（类名使用说明中给出的英文词汇）。

【问题2】（3分）
根据说明中的描述，给出图3-1中M1～M6处的多重度。

【问题3】（4分）
现对该系统提出了以下新需求：
（1）某些人拥有在多个选区投票的权利，因此需要注册多个选区。
（2）对于满足（1）的选民，需要划定其"主要居住地"，以确定他们应该在哪个选区进行投票。
为了满足上述需求，需要对图3-1所示的类图进行哪些修改？请用100字以内的文字说明。

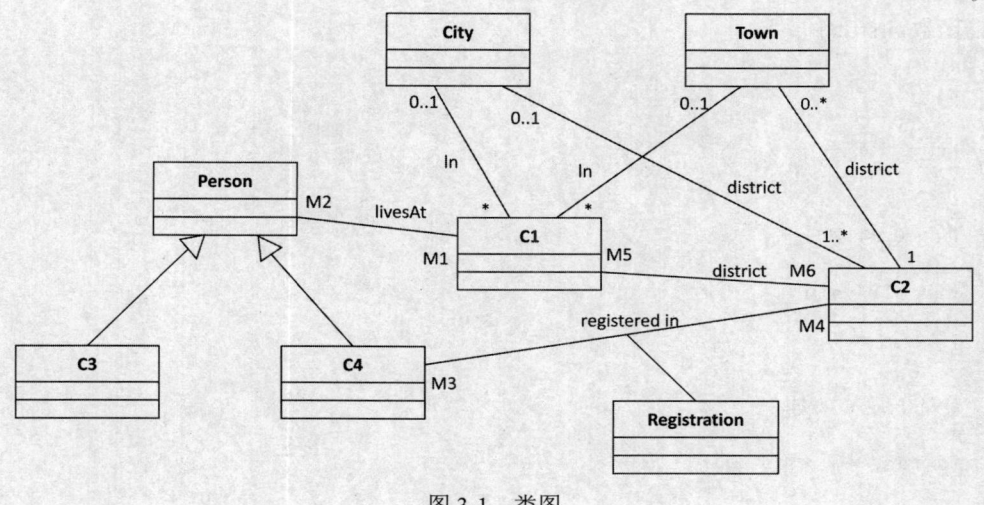

图 3-1 类图

试题四

阅读下列说明和 C 代码，回答下列问题。

【说明】

设有 n 个货物要装入若干个容量为 C 的集装箱以便运输，这 n 个货物的体积分别为 $\{s1,s2,\cdots,sn\}$，且有 $si \leq C (1 \leq i \leq n)$。为节省运输成本，用尽可能少的集装箱来装运这 n 个货物。

下面分别采用最先适宜策略和最优适宜策略来求解该问题。

最先适宜策略（firstfit）首先将所有的集装箱初始化为空，对于所有货物，按照所给的次序，每次将一个货物装入第一个能容纳它的集装箱中。

最优适宜策略（bestfit）与最先适宜策略类似，不同的是，总是把货物装到第一个能容纳它且目前剩余容量最小的集装箱，使得该箱子装入货物后闲置空间最小。

【C 代码】

下面是这两个算法的 C 语言核心代码。

1. 变量说明。

n：货物数。

C：集装箱容量。

s：数组，长度为 n，其中每个元素表示货物的体积，下标从 0 开始。

b：数组，长度为 n，b[i]表示第 i+1 个集装箱当前已经装入货物的体积，下标从 0 开始。

i,j：循环变量。

k：所需的集装箱数。

min：当前所用的各集装箱装入了第 i 个货物后的最小剩余容量。

m：当前所需要的集装箱数。

temp：临时变量。

2. 函数 firstfit()。
```
int firstfit() {
    int i, j;
    int  k=0;
    for(i=0; i<n; i++){
            b[i]=0;
    }
    for (i=0; i<n; i++) {
        ____(1)____;
        while (C-b [j]<s [i]){
        j++;
        }
        ____(2)____;
        k=k>(j+1)? k: (j+1);
    }
     return k;
}
```

3. 函数 bestfit()。
```
int bestfit (){
    int i, j ,min, m, temp;
    int k=0;
    for (i=0; i<n; i++) {
        b[i]=0;
    }
    for (i=0; i<n; i++) {
        min=C;
        m=k+1;
        for (j=0; j<k+1; j++) {
            temp=C-b [j]-s [i];
            if(temp>0 && temp<min) {
                ____(3)____;
                m=j;
            }
        }
        ____(4)____;
        k=k>(m+1)? k: (m+1);
    }
    return k;
}
```

【问题 1】（8 分）
根据说明和 C 代码，填充 C 代码中的空缺处。

【问题 2】（4 分）
根据说明和 C 代码，该问题在最先适宜和最优适宜策略下分别采用了_____和_____算法设计策略，时间复杂度分别为_____和_____（用 O 符号表示）。

【问题 3】（3 分）
考虑实例 n=10，C=10，各个货物的体积为{4,2,7,3,5,4,2,3,6,2}。该实例在最先适宜策略（firstfit

和最优适宜策略（bestfit）下所需的集装箱数分别为_____和_____。考虑一般的情况，这两种求解策略能否确保得到最优解？_____（能或否）。

试题五

阅读下列说明和 C++代码，将应填入(n)处的语句写在答题区的对应位置。

【说明】

某实验室欲建立一个实验室环境监测系统，能够显示实验室的温度、湿度以及洁净度等环境数据。当获取到最新的环境测量数据时，显示的环境数据能够更新。现在采用观察者（Observer）模式来开发该系统。观察者模式的类图如图 5-1 所示。

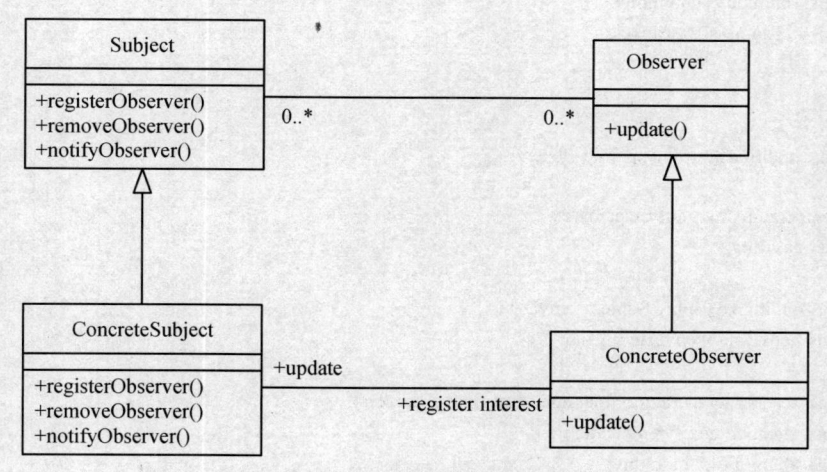

图 5-1 观察者模式类图

【C++代码】

```
#include <iostream>
#include <vector>
using namespace std;

class Observer {
public: virtual void update(float temp, float humidity, float cleanness)=0;
}

class Subject {
public: virtual void registerObserver(Observer* o) = 0;      //注册对主题感兴趣的观察者
virtual void removeObserver(Observer* o) = 0;                //删除观察者
virtual void notifyObservers() = 0;                          //当主题发生变化时通知观察者
}

class EnvironmentData : public ___(1)___ {
private:
```

```cpp
        Vector<Observer*> observers;
        float temperature, humidity, cleanness;
    public:
        void registerObserver(Observer* o) { observers.push_back(o); }
        void removeObserver(Observer* o) { /* 代码省略 */ }
        void notifyObservers() {
            for(vector<Observer*>::const_iterator it = observers.begin(); it != observers.end(); it++)
                {    (2)    ; }}
        void measurementsChanged() {    (3)    ; }
        void setMeasurements(float temperature, float humidity, float cleanness) {
            this->temperature = temperature;
            this->humidity = humidity;
            this->cleanness = cleanness;
              (4)    ; }
};

class CurrentConditionsDisplay : public Observer {
    private:
        float temperature, humidity, cleanness;
        Subject* envData;
    public:
        CurrentConditionsDisplay(Subject* envData) {
            this->envData = envData;
              (5)    ; }
        void update(float temperature, float humidity, float cleanness) {
            this->temperature = temperature;
            this->humidity = humidity;
            this->cleanness = cleanness;
            display(); }
        void display() { /* 代码省略 */ }
};

int main() {
    EnvironmentData* envData = new EnvironmentData();
    CurrentConditionsDisplay* currentDisplay = new CurrentConditionsDisplay(envData); envData->setMeasurements(80, 65, 30.4f);
    return 0;
}
```

试题六

阅读下列说明和 Java 代码，将应填入(n)处的字句写在答题区的对应位置。

【说明】

某实验室欲建立一个实验室环境监测系统，能够显示实验室的温度、湿度以及洁净度等环境数据。当获取到最新的环境测量数据时，显示的环境数据能够更新。现在采用观察者（Observer）模式来开发该系统。观察者模式的类图如图 6-1 所示。

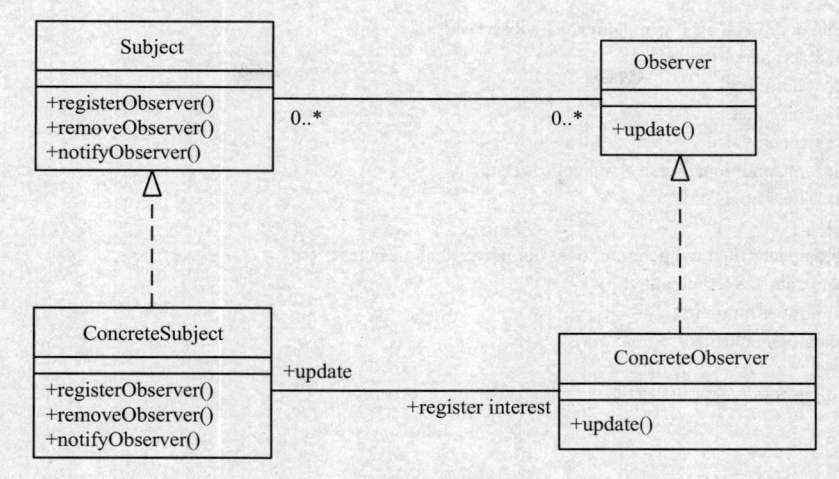

图 6-1 观察者模式类图

【Java 代码】

```
import java.util.*;
interface Observer {
    public void update(float temp, float humidity, float cleanness);
}

interface Subject {
    public void registerObserver(Observer o);      //注册对主题感兴趣的观察者
    public void removeObserver(Observer o);        //删除观察者
    public void notifyObservers();                 //当主题发生变化时通知观察者
}

class EnvironmentData implements    (1)    {
    private ArrayList observers;
    private float temperature, humidity, cleanness;
    public EnvironmentData() { observers = new ArrayList(); }
    public void registerObserver(Observer o) { observers.add(o); }
    public void removeObserver(Observer o)   { /* 代码省略 */ }
    public void notifyObservers() {
        for (int i = 0; i < observers.size(); i++) {
            Observer observer = (Observer)observers.get(i);
               (2)    ; }}
    public void measurementsChanged() {    (3)    ; }
    public void setMeasurements(float temperature, float humidity, float cleanness) {
        this.temperature = temperature;
        this.humidity = humidity;
        this.cleanness = cleanness;
           (4)    ; }
```

```
    }

    class CurrentConditionsDisplay implements    Observer {
        private float temperature;
        private float humidity;
        private float cleanness;
        private Subject envData;
        public CurrentConditionsDisplay(Subject envData) {
            this.envData = envData;
            ___(5)___ ;}
        public void update(float temperature, float humidity, float cleanness) {
            this.temperature = temperature;
            this.humidity = humidity;
            this.cleanness = cleanness;
            display();}
        public void display() {/* 代码省略 */ }
    }

    class EnvironmentMonitor{
        public static void main(String[] args) {
            EnvironmentData envData = new EnvironmentData();
            CurrentConditionsDisplay currentDisplay = new CurrentConditionsDisplay(envData);
            envData.setMeasurements(80, 65, 30.4f); }
        }
```

软件设计师 机考试卷第2套
基础知识卷参考答案/试题解析

（1）**参考答案**：A

试题解析 在 CPU 中，PC（Programme Counter）用来跟踪下一条要执行的指令在主存储器中的地址。

（2）**参考答案**：B

试题解析 "数据是否出错"，总共是两种状态，而一个校验位可以表示两种状态，所以判断数据是否出错需要一个校验位。如果还要判断错误的位置，则还需要相应的校验位来表达位置信息，比如，共有 10 个数据位，则对应 10 个位置，因此至少需 4 位检验位才可表达全部的 10 种位置信息（$2^4=16>10$）。

设校验位的位数为 k，数据位的位数为 n，海明码能纠正一位错应满足关系 $2^k>=n+k+1$，n=8，当 k=4 时，$2^4>8+4+1$，符合要求，所以校验位至少需 4 位。

（3）**参考答案**：B

试题解析 CPU 访问存储器时，无论是存取指令还是存取数据，所访问的存储单元都趋于聚集在一个较小的连续区域中，即局部性原理。虚拟存储器正是依据了这一原理来设计的。

在虚拟存储器中，页面如果很小，虚拟存储器中包含的页面个数就会过多，使得页表的体积过大，页表本身占据的存储空间过大，操作速度将变慢。

当页面很大时，虚拟存储器中的页面个数会变少，主存的容量由于一般比虚拟存储器的容量更小，因此主存中的页面个数就会更少，缺页率变大，就会不断调入/调出页面，降低操作速度。

段式虚拟存储器是按照程序的逻辑性来设计的，具有易于实现程序的编译、管理和保护，也便于多到程序共享的优点。

（4）**参考答案**：B

试题解析 机器字长为 64 位，如果按字寻址，即每个地址包括 8 个字节（Byte），因此 128M 存储器的总的地址个数为 128MB/8B=16M。

（5）**参考答案**：D

试题解析 每个功能段的时间设定为取指、分析和执行 3 个部分，其中最长时间为 2ns，第一条指令在第 5ns 时执行完毕，其余 99 条指令每隔 2ns 执行完一条，所以 100 条指令执行完毕所需的时间为 99*2+5 =203ns。

（6）**参考答案**：B

试题解析 OSI 参考模型表示层的功能有数据解密与加密、压缩、格式转换等。

（7）**参考答案**：D

🎸**试题解析**　TCP/IP 协议簇主要包括 TCP、IP、ICMP、IGMP、ARP、RARP、UDP、DNS、FTP、HTTP 等。HDLC 是数据链路层协议，它不属于 TCP/IP 协议簇。

（8）**参考答案**：A

🎸**试题解析**　在分类的 IP 网络中，C 类地址的前 24 位是网络位，后 8 位是主机位，主机位全为"0"表示此网络段本身，主机位全为"1"表示广播地址，因此最多可以有 $2^8-2=254$ 个可用 IP 地址。

（9）**参考答案**：A

🎸**试题解析**　在实际网络的数据链层上传数据时，最终必须使用硬件地址，ARP 将网络层的 IP 地址解析为数据链路层的 MAC 地址。

（10）**参考答案**：B

🎸**试题解析**　ICMP（Internet Control Message Protocol）即控制报文协议，它是 TCP/IP 协议族的一个子协议，用于在 IP 主机、路由器之间传递控制消息，工作在网络层。使用本协议，需把控制报文作为数据字段封装在 IP 分组中，因此 IP 直接为 ICMP 提供服务。UDP 和 TCP 都是传输层协议，为应用层提供服务。PPP 是数据链路层协议，为网络层提供服务。

（11）**参考答案**：B

🎸**试题解析**　计算机病毒影响程序的执行或破坏用户数据。

（12）**参考答案**：C

🎸**试题解析**　根据《著作权法》第五条之规定，本法不适用于：法律、法规，国家机关的决议、决定、命令和其他具有立法、行政、司法性质的文件，及其官方正式译文；时事新闻；历法、通用数表、通用表格和公式。

（13）**参考答案**：B

🎸**试题解析**　我国《著作权法》第二条中规定：中国公民、法人或者其他组织的作品，不论是否发表，依照本法享有著作权。《著作权法实施条例》第六条中规定：著作权自作品创作完成之日起产生。

（14）**参考答案**：D

🎸**试题解析**　我国的商标注册是按照自愿注册与强制注册（如烟草制品）相结合的原则进行的。

（15）**参考答案**：C

🎸**试题解析**　根据数据流图中加工的定义，加工是对数据进行处理的单元，它接收一定的数据输入，对其进行处理，并产生输出。加工对于输入流不一定进行变换。

（16）**参考答案**：D

🎸**试题解析**　面向对象的特征包括多态性、继承性和封装性。

（17）**参考答案**：D

🎸**试题解析**　面向对象的分析通常要建立三种模型

1）功能模型：表达系统的详细需求，为软件的进一步分析和设计打下基础。在面向对象方法中，功能模型由用例图和场景描述组成。

2）对象模型：表示静态的、结构化的系统"数据"性质。描述现实世界中实体的对象以及它们之间的关系，表示目标系统的静态数据结构。在面向对象方法中，类图是构建对象模型的核心工具。

3）动态模型：描述系统的动态结构和对象之间的交互，表示瞬时的、行为化的系统的"控制"特性。面向对象方法中，常用状态图、顺序图、合作图、活动图构建系统的动态模型。

（18）**参考答案**：C

试题解析　程序处理过程为：（编写）源代码、预处理、编译、优化、汇编、链接、生成可执行文件。目标代码生成阶段将优化后的中间代码变换成目标代码。

（19）**参考答案**：B

试题解析　后缀表达式也称逆波兰式，这种表示方式把运算符写在运算对象的后面，例如，把 a+b 写成 ab+。后缀表达式 ab+cd+/等价于(a+b)/(c+d)。

（20）**参考答案**：A

试题解析　NFA 即非确定有穷自动机。NFA 中的某个状态，对于同一输入可能会转换到不同的下一个状态，比如本题中的状态①，输入"0"永远会回到状态①，但如果输入"1"，则有可能转换到状态①，也可能转到状态②。正则表达式中，"*"表示其前面的动作可能会重复一次或无数多次。

（21）**参考答案**：D

试题解析　多个进程可以共享系统中的资源，一次仅允许一个进程使用的资源称为临界资源。访问临界资源的那段代码称为临界区。

（22）**参考答案**：A

试题解析　信号量是一个特殊的整型变量，只有初始化和 PV 操作才可以改变其值，通常，信号量分为互斥量和资源量，互斥量的初值一般是 1，表示临界区只允许一个进程进入，从而实现互斥。当互斥量等于 0 时，表示临界区已经有一个进程进入了，临界区外没有进程等待；当互斥量小于 0 时，表示临界区中有一个进程，互斥量的绝对值表示临界区外等待的进程数。同理，资源信号量的初值可以是任意整数，表示可用的资源数，当资源数小于 0 时，表示所有资源已经全部用完且还有进程正在等待使用该资源，等待的进程数就是资源量的绝对值。

（23）**参考答案**：B

试题解析　临界区不允许两个进程同时进入，选项 D 明显错误。m 的初值为 1，表示允许一个进程进入临界区，当有一个进程进入临界区且没有进程等待进入时，m-1=0。

（24）**参考答案**：A

试题解析　按页表内容可知，逻辑地址 0 对应块号 2，页大小为 4KB，因此换成物理地址为 2*4K=8K=8*1024=8192。

（25）**参考答案**：B

试题解析　虚拟内存是计算机系统内存管理的一种技术，通过这种技术可使得应用程序认为它拥有连续的可用的内存（一个在逻辑上连续完整的地址空间），而实际上，这个逻辑上连续的地址空间，物理上是由离散的多个物理内存碎片所构成，还有部分数据暂时存储在外部磁盘存储器上，在需要时进行数据交换。虚拟存储器容量既不受外存容量限制，又不受内存容量限制，而是由 CPU 的寻址范围决定。

（26）（27）**参考答案**：A B

💡**试题解析**　块号为100就是第101个块，字长为32，101/32=3余5，即块号为100的内存块对应第4个字（字号3）的第5位（位号为4）。

（28）（29）**参考答案**：B D

💡**试题解析**　每个索引节点8个地址项，其中：直接地址索引的地址范围为0～4；一级间接索引的地址范围为 5～（5+2*256-1），即 5～516；二级间接索引的地址范围是 517～（517+256*256-1），即517～66052。逻辑块号4位于直接地址索引的范围内，采用直接地址索引；逻辑块号5位于一级间接地址索引范围内，采用一级间接地址访问。

每个索引块大小为1KB，地址项大小4B，所以一个索引块可以包含1KB/4B=256个索引地址，每个索引块地址对应一个物理块地址。

每个文件对应1个索引节点，每个索引节点8个地址项，可表示的地址范围为0~66052，因此单个文件的最大长度是66053。

（30）**参考答案**：C

💡**试题解析**　内聚性由弱到强排列为偶然内聚、逻辑内聚、时间内聚、过程内聚、通信内聚、顺序内聚、功能内聚。

1）偶然内聚：指一个模块内的各个处理元素之间没有任何逻辑或实际的联系，只是偶然凑到一起。

2）逻辑内聚：指模块内执行几个逻辑上相似的功能，通过参数确定该模块完成哪一个功能。

3）时间内聚：把需要同时执行的动作组合在一起形成的模块。

4）通信内聚：模块内所有处理元素都在同一个数据结构上操作，或者各处理使用相同的输入数据或者产生相同的输出数据。

5）顺序内聚：一个模块中各个处理元素都密切相关于同一功能且必须顺序执行，前一个功能元素的输出就是下一个功能元素的输入。

6）功能内聚：是最强的内聚，指模块内所有元素共同完成一个功能，缺一不可。

（31）**参考答案**：A

💡**试题解析**　模块的层次数就是结构图的深度。

（32）**参考答案**：D

💡**试题解析**　增量模型是一种软件开发过程模型，它将待开发的软件系统模块化，并将每个模块作为一个增量组件进行分批次的分析、设计、编码和测试。它在仅定义出核心需求的情况下就可开始，从而使得核心产品可以在最短的时间内构造出来，很多商业产品的开发都采用增量模型。

（33）**参考答案**：B

💡**试题解析**　极限编程（XP）是敏捷开发的典型方法之一，它是一种轻量级（敏捷）、高效、低风险、柔性、可预测的、科学的软件开发方法。XP由价值观、原则、实践和行为4个部分组成。其中4大价值观为沟通、简单性、反馈和勇气。

水晶法（Crystal）与XP一样，都秉承以人为中心的理念。在实践上，水晶方法体系考虑到人们一般很难严格遵循一个纪律约束很强的过程，认为每一种不同的项目都需要一套不同的策略、约定和方法论。因此，与XP的高度纪律性不同，水晶方法体系探索了用最少纪律约束而仍能成功的方法，从而在产出效率与易于运作上达到一种平衡。也就是说，虽然水晶系列不如 XP 那样的产出效率，但会有更多的人能够接受并遵循它。

并列争球法（Scrum）采用的是迭代方法，把每 30 天一次的迭代称为一个"冲刺"，并按需求的优先级来实现产品。多个自组织和自治小组并行地递增实现产品，通过简短的日常会议来进行协调。

自适应软件开发（Adaptive Software Development，ASD）的核心是三个非线性的、重叠的开发阶段：猜测，合作与学习。

（34）**参考答案**：C

试题解析 成功的测试是发现了迄今尚未发现的错误的测试。

（35）**参考答案**：D

试题解析 结构化测试中有语句覆盖、条件覆盖、判定覆盖（也称"分支覆盖"）、路径覆盖等，其中路径覆盖要求确保程序中的每条可能路径至少被执行一次，是最强的覆盖。

（36）（37）**参考答案**：C B

试题解析 逻辑上相关的数据以及行为绑定在一起，使信息对使用者隐蔽，这称为封装。对于私有成员来说，只能是该类中定义的方法才能对其进行访问。

（38）**参考答案**：D

试题解析 泛化表示类与类之间的继承关系，接口与接口之间的继承关系，或类对接口的实现关系。一般泛化关系是从子类指向父类的。

对于两个相对独立的对象，当一个对象的实例与另一个对象的一些特定实例存在固定的对应关系时，这两个对象之间为关联关系。关联体现的是两个类，或者类与接口之间语义级别的一种强依赖关系，这种关系一般是长期性的，而且双方的关系一般是平等的。关联可以是单向或双向的。

聚合是关联关系的一种特例，体现的是整体与部分、拥有的关系，即 has-a 的关系，此时整体与部分之间是可分离的，它们可以具有各自的生命周期，部分可以属于多个整体对象，也可以为多个整体对象共享。

组合也是关联关系的一种特例，体现的是一种 contains-a 的关系，这种关系比聚合更强，也称为强聚合；它同样体现整体与部分间的关系，但此时整体与部分是不可分的，整体的生命周期结束也就意味着部分的生命周期结束。

（39）（40）（41）**参考答案**：A C D

试题解析 设计模式（Design Pattern）是一套可被反复使用、多数人知晓的、经过分类的代码设计经验的总结。

组合（Composite）模式将对象组合成树形结构以表示"部分-整体"的层次结构，使得用户对单个对象和组合对象的使用具有一致性。本模式适用于：想表示对象的"部分-整体"层次结构；希望用户忽略组合对象与单个对象的不同，用户将统一地使用组合结构中的所有对象。

外观（Façade）模式为子系统中的一组接口提供一个一致的界面，Facade 模式定义了一个高层接口，这个接口使得这一子系统更加容易使用。本模式适用于：要为一个复杂子系统提供一个简单接口时，子系统往往因为不断演化而变得越来越复杂；客户程序与抽象类的实现之间存在着很大的依赖性；当需要构建一个层次结构的子系统时，使用 Facade 模式定义子系统中每层的入口。

享元（Flyweight）模式运用共享技术有效地支持大量细粒度的对象。本模式适用于：一个应用程序使用了大量的对象；由于使用大量的对象，造成很大的存储开销；对象的大多数状态都可变为外部状态；如果删除对象的外部状态，那么可以用相对较少的共享对象取代很多组对象；应用程序不依赖于对象标识。

装饰器（Decorator）模式描述了以透明围栏来支持修饰的类和对象的关系，动态地给一个对象添加一些额外的职责，从增加功能的角度来看，装饰器模式相比生成子类更加灵活。本模式适用于：在不影响其他对象的情况下，以动态、透明的方式给单个对象添加职责；处理那些可以撤销的职责；当不能采用生成子类的方式进行扩充时。

工厂方法（Factory Method）定义一个用于创建对象的接口，让子类决定将哪一个类实例化，使一个类的实例化延迟到其子类。本模式适用于：当一个类不知道它所必须创建的对象的类的时候；当一个类希望由它的子类来指定它所创建的对象的时候；当类将创建对象的职责委托给多个帮助子类中的某一个，并且希望将哪一个帮助子类是代理者这一信息局部化的时候。

观察者（Observer）模式定义对象间的一种一对多的依赖关系，当一个对象的状态发生改变时，所有依赖于它的对象都得到通知并被自动更新。本模式适用于：当一个抽象模型有两个方面，其中一个方面依赖于另一个方面，将这两者封装在独立的对象中以使它们可以各自独立地改变和复用；当对一个对象的改变需要同时改变其他对象，而不知道具体有多少对象有待改变时；当一个对象必须通知其他对象，而它又不能假定其他对象是谁，即不希望这些对象是紧耦合的。

中介者（Mediator）用一个中介对象来封装一系列的对象交互。中介者使各对象不需要显式地相互引用，从而使其耦合松散，而且可以独立地改变它们之间的交互。本模式适用于：一组对象以定义良好但是复杂的方式进行通信，产生的相互依赖关系结构混乱且难以理解；一个对象引用其他很多对象并且直接与这些对象通信，导致难以复用该对象；想定制一个分布在多个类中的行为，而又不想生成太多的子类。如使一个后端数据模型能够被多个前端用户界面连接,采用此模式最合适。

（42）（43）（44）**参考答案**：B A D

试题解析 在 UML 中，构图描述了系统中的结构成员及其相互关系。其中，类图用于说明系统的静态设计视图；构件图用于说明系统的静态实现视图；用例图用于说明系统的用例视图；部署图用于说明系统的静态实施视图（即部署视图）。

（45）**参考答案**：A

试题解析 有限自动机可识别一个字符串的含义是，从有限自动机的初态出发，存在一条到达终态的路径，其上的标记可构成该字符串。若从初态到终态不存在能构成指定字符串的路径，则称该字符串不能被该自动机识别。对于"abaa"，其识别路径为"状态 0→状态 2→状态 3→状态 3"。对于"aaaa"，其识别路径为状态"0→状态 2→状态 1→状态 3"。对于"bbba"，其识别路径为"状态 0→状态 1→状态 2→状态 3"。

（46）**参考答案**：C

试题解析 物理独立性是指用户的应用程序与存储在磁盘上的数据库中的数据是相互独立的。即，数据在磁盘上怎样存储由 DBMS 管理，用户程序不需要了解，应用程序要处理的只是数据的逻辑结构，这样当数据的物理存储改变了，应用程序不用改变。

（47）**参考答案**：C

试题解析 数据库是按照数据结构来组织、存储和管理数据的仓库，它是一个长期存储在计算机内的、有组织的、可共享的、统一管理的大量数据及其关系的集合。

（48）**参考答案**：B

试题解析 笛卡儿积（×）是关系代数中的一个基本操作，它表示一个表中的所有记录与另一个表中的所有记录的各种可能的组合。σ是选择运算符，R.C=S.C是选择条件，即在笛卡儿积的结果上选出符合条件的记录（同时去除重复列）。这相当于 select * form R, S where R.C=S.C
Π是投影运算符，即只保留指定的列(A,B,D)。本题相当于把上述的"*"换成了"A, B, D"。

（49）**参考答案**：B

试题解析 1NF 是定义是所有属性（属性）皆不可再分且不能重复，确保的是属性的原子性。2NF 是在满足 1NF 的基础上，要求任意非主属性必须依赖于候选码（关键字）。从而可知，符合 2NF 则一定符合 1NF。
数据库的规范化是通过使其符合不同的范式来实现的，但规范化并非越深（高）越好。虽然规范化有助于减少数据冗余,提高数据的完整性和一致性,但过度的规范化可能会导致查询效率下降，因为"分离"越深，产生的关系越多，关系过多时，连接操作会变得频繁，而连接操作是最费时间的，特别是在以查询为主的数据库应用中，频繁的连接操作会影响查询速度

（50）**参考答案**：D

试题解析 由 F 可知，任何一个属性皆无法推导出属性 A，所以 A 必须为主属性；B 可由 D 推导而出，所以 B 一定为非主属性；C 无法由任何依赖推导而出，因此 C 必须为主属性；D 可由 N、M 或 BC 推导而出，所以 D 一定为非主属性；M 无法由任何依赖推导而出，因此 M 也必须为主属性。因此候选码为 ACM。

（51）**参考答案**：A

试题解析 事务的原子性指事务中的操作要么全完成，要么全部不执行。事务的一致性指数据库中数据不因事务的执行而受到破坏,事务的执行结果必须使数据库从一个一致性状态变到另一个一致性状态。事务的隔离性指一个事务的执行不能被其他事务干扰，即多个事务并发执行与各个事务单独执行的结果应该一样。事务的持久性是指一个事务一旦提交，它对数据库中的数据改变应该是永久性的，其他操作或故障不对其产生任何影响。

（52）**参考答案**：C

试题解析 如果有两个事务，同时对数据库中的同一数据进行操作，除 SELECT 之外，其余 SQL 语句不能同时使用，否则会引起冲突。

（53）**参考答案**：B

试题解析 删除单链表的最后一个节点需置其前驱节点的指针域为 NULL,需要从头开始依次遍历找到该前驱节点，需要 O(n)，与表长有关。其他操作均与表长无关。

（54）**参考答案**：A

试题解析 每个元素需要一个存储单元，所以每入栈（Push）一次栈顶指针加 1，出栈（Pop）一次栈顶指针减 1。因此，栈顶指针的值依次是 1001H，1002H，1001H，1002H，1001H，1002H，1001H，1002H。

（55）**参考答案**：D

试题解析 队列的特点是先进先出，队尾只能进，队头只能出，删除队头元素即出队。

（56）参考答案：B

🔖试题解析 三对角矩阵是指主对角线及其两侧各一条对角线上有数据、其余位置无数据的矩阵。用数组保存这种矩阵的数据时，只需保存这三条对角线上的数据即可。可知，对于n行n列的三对角矩阵，其主对角线上的元素个数为n，其两侧对角线上的元素个数分别为n-1，总元素个数为3n-2。也就是说，我们可以用长度为3n-2的一维数组来存储三对解矩阵上的所有元素。

先优选存储，是先把矩阵一行里的所有元素都按顺序存储以后，再存储下一行的数据，即：A[1][1]d 存入 B[1]，A[1][2]存入 B[2]，A[2][1]存入 B[3]……

此时，设三对角矩阵中三对角线上的任意元素为A[i][j]，则其下标与一维数组下标 k 的对应关系通式为：k=2i+j-2。

因此，A[66][65]在数组 B 中的位置 k=2*66+65-2=195。

（57）参考答案：C

🔖试题解析 当50个节点构成一棵完全二叉树时高度最小。31（即2^5-1）个节点可构成一棵高度为 5 的完全二叉树，63（即2^6-1）个节点可构成一棵高度为 6 的完全二叉树。31<50<63，因此 50 个节点所构成的二叉树最小高度为 6。

（58）参考答案：D

🔖试题解析 先序遍历也称先根遍历，其遍历的顺序为"根（中）-左-右"；中序遍历也称中根遍历，其遍历顺序为"左-根（中）-右"；后序遍历也称后根遍历，其遍历顺序为"左-右-根（中）"。

对于本题：①DABEC 为后序遍历的结果，可知 C 必为根节点；②DEBAC 是中序遍历的结果，可知该 5 个节点所构成的二叉树一定没有右子树，DEBA 一定是左子树；③由以上两个推论可知，E 是 C 的左孩子，即 E 为 DAB 子树的父节点；④DAB 依然是后序遍历的结果，可知 B 为 DA 的父节点，D 为 B 的左孩子，A 为 B 的右孩子。最终构造出的 ABCDE 的对应二叉树如下图所示。

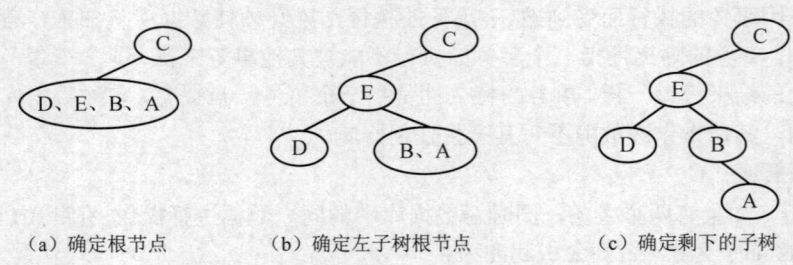

(a) 确定根节点　　(b) 确定左子树根节点　　(c) 确定剩下的子树

根据上图所示二叉树，可知其先序遍历次序为 CEDBA。

（59）参考答案：D

🔖试题解析 哈夫曼编码是一种变长编码方式，其中出现频率高的字符使用较短的编码，出现频率低的字符使用较长的编码。在数据压缩等领域，哈夫曼编码通过构建哈夫曼树来实现这一目的。由于哈夫曼树的结构多样性，不同的输入数据可能会产生不同的哈夫曼树结构，但这些树的带权路径长度（Weighted Path Length，WPL）都是相同的，且都能达到最小化。

哈夫曼编码有一重要特点：任意一个编码，都不可能是其他编码的前缀。

以选项 A 为例，其中包含了 10、1011 这两个编码，可见 10 是 1011 的前缀。我们以这两个编码为例，很容易发现我们根本无法画出对应的二叉树。因此各字符的哈夫曼编码不可能为 A。同理可知，选项 B、选项 C 皆不可能。

（60）**参考答案**：B

💣**试题解析** 无向图的邻接矩阵存储中，每条边存储两次，即 A[i][j]=A[j][i]，因此无向图的邻接矩阵是对称矩阵。AOV（Active on Vertex）网，即用顶点表示活动的拓扑网络；AOE（Active on Edge）网，即用边表示活动的拓扑网络。AOV 网与 AOE 网都是有向图。

（61）**参考答案**：D

💣**试题解析** 选项 D，先访问 V1，再从 V1 出发，访问 V1 邻接且未被访问的任一顶点（满足的有 V2,V3,V5），然后从 V2 出发，访问与 V2 邻接且未被访问的任一顶点（满足的只有 V5），此时，根据深度优先的策略，则只能访问 V5，但是选项 D 却访问了 V3，因此 D 不可能是深度优先搜索序列。

（62）**参考答案**：D

💣**试题解析** 根据散列函数计算可知，关键字 14,1,27,79 模 13 后的值都是 1，因此其散列后的地址都是 1，所以散列地址为 1 的链中有 4 个记录。

（63）**参考答案**：C

💣**试题解析** 在直接插入排序中，若最后一个元素需要插入到表中的第一个位置，则前面的有序子序列中的所有元素都不在最终位置上。

（64）**参考答案**：A

💣**试题解析** 用选项 A 的冒泡排序尝试：第一趟，2 与 12 比较，各自位置不变，12 与 16 比较，各自位置不变，16 与 88 比较，各自位置不变，88 与 5 比较，交换位置，88 与 10 比较，交换位置，符合题目给出的第一趟排序结果，同理可知第二趟与第三趟也符合。

（65）（66）**参考答案**：C D

💣**试题解析** 155.32.80.192/26 表示 32 位长度的 IP 地址中，前 26 位是网络前缀，后 6 位是主机号，因此包含的地址个数为 2^6=64，可用地址（也即主机地址）个数为 2^6-2=62。主机地址范围为 155.32.80.193～155.32.80.254，显然 155.32.80.181 不属于这个网络。

（67）**参考答案**：A

💣**试题解析** 本题主要考查网络故障判断的相关知识。如果本地的 DNS 服务器工作不正常或者本地 DNS 服务器网络联接中断都有可能导致该计算机的 DNS 无法解析域名，而如果直接将该计算机的 DNS 服务器设置错误也会导致 DNS 无法解析域名，从而出现使用域名不能访问该网站，但是使用该网站的 IP 地址可以访问该网站的现象。但是该计算机与 DNS 服务器不在同一子网不会导致 DNS 无法解析域名的现象发生，因为通常情况下本地计算机与 DNS 服务器本身就不在一个子网，本地计算机的 DNS 服务器都是在操作系统中单独进行设置，因此只要路由可达 DNS 且 DNS 服务器正常工作，则 DNS 服务就不会有问题。

（68）**参考答案**：A

💣**试题解析** TCP 与 UDP 都是传输层协议。简单来说，如果计算机中的任何一个应用（进程）要进行网络通信，有两种选择：如果不要求建立联接、不要求可靠性，就使用 UDP 来进行网络通信；如果要求建立联接且传输可靠，则使用 TCP 来进行网络通信。TCP 与 UDP 就相当于本地电脑数据出入网络的两道大门。

设想本地计算机 A 中的应用程序 QQ 想把数据通过网络送达计算机 B 中的应用程序 QQ, 其过程大体上可分三步：①把数据从计算机 A 的 QQ 送到计算机 A 的网络大门（TCP 或 UDP）；②把数据从计算机 A 的网络大门送到计算机 B 的网络大门（由网络层协议如 IP、ICMP 等负责）；③把数据从计算机 B 的网络大门送到计算机 B 的 QQ。

再深入思考上述③的过程。数据到达计算机 B 大门口了，但计算机 B 的大门口里面很多应用程序如微信、浏览器等，那计算机 B 怎么知道要把这个数据送给哪个应用程序呢？我们自然而然会想到，这个数据里面必须得包含其要发给哪个应用程序的相关信息，如"QQ"。事实上，数据中确实包含这个信息，但不是 QQ，而是 QQ 的一个数字代号（QQ 经常使用 UDP 进行通信，UDP 默认给 QQ 分配的端口号是 4000），这个代号就是"端口号"，TCP 或 UDP 通过数据包中的这个端口号信息，就知道该数据应该送给 QQ。

HTTP、FTP 等都是应用层协议，其在网络中的地位与 QQ 相同。TCP 给 HTTP 保留的端口号是 80，UDP 给 HTTP 保留的端口号为 8000。

（69）**参考答案**：C

试题解析 要建立浏览器与服务器之间的联接，首先需要知道服务器的 IP 地址，所以在联接建立之前，浏览器必须首先向 DNS 发起域名解析请求（例如"百度的 IP 地址是多少"），当浏览器成功获得服务器的 IP 地址后，才能请求建立 TCP 联接。

（70）**参考答案**：D

试题解析 由于 UDP 是面向无联接的通信，因此通信开销小，效率高，但不可靠。
远程登录需要依靠一个客户端到服务器的可靠联接，使用 UDP 是不合适的。

（71）（72）（73）（74）（75）**参考答案**：A D A D C

试题解析 云计算是一个用来描述各种计算概念的一个短语，它包含大量计算机通过实时通信的网络如 Internet __(71)__ 在一起。在科技领域，云计算是分布式网络计算的 __(72)__ ，意味着有 __(73)__ 同时在多台互联的计算机上运行一个程序或应用。云发展成了 3 层架构：基础设施层、平台层、应用层。基础实施层由虚拟计算机存储和网络资源构成；平台层是具有通用性和复用性的软件资源的集合；应用层是由 SaaS 应用所需的所有软件模块的集合构成。基础设施层是建立平台层的 __(74)__ ；依次地，平台层是实施 __(75)__ 层的 SaaS 应用的基础。

(71) A. 联接　　　　B. 实施　　　　C. 优化　　　　D. 虚拟化
(72) A. 替换　　　　B. 转换　　　　C. 替代品　　　D. 同义词
(73) A. 能力　　　　B. 方式　　　　C. 功能　　　　D. 方法
(74) A. 网络　　　　B. 基础　　　　C. 软件　　　　D. 硬件
(75) A. 资源　　　　B. 服务　　　　C. 应用　　　　D. 软件

软件设计师 机考试卷第 2 套
应用技术卷参考答案/试题解析

试题一 参考答案/试题解析

【问题 1】参考答案
E1：客户

【问题 2】参考答案
D1：客户信息文件　　　　D2：音像制品信息文件
D3：租借记录文件　　　　D4：预约记录文件

【问题 3】参考答案

起点	终点
E1 或 客户	4 或 创建新客户
5 或 创建预约记录	E1 或 客户
6 或 归还音像制品	7 或 履行预约服务

注意：3 条数据流无前后顺序区分。

【问题 4】参考答案
面向数据结构的设计方法以数据结构作为设计的基础，它根据输入、输出数据结构导出程序的结构。面向数据结构的设计方法用于规模不大的数据处理系统。

试题解析
1975 年，Jackson 提出了一类至今仍广泛使用的软件开发方法。此方法从目标系统的输入、输出数据结构入手，导出程序框架结构，再补充其他细节，就可得到完整的程序结构图。这一方法对输入、输出数据结构明确的中小型系统特别有效，如商业应用中的文件表格处理。该方法也可与其他方法结合，用于模块的详细设计。

试题二 参考答案/试题解析

【问题 1】参考答案
（1）*　　　　　（2）*　　　　　（3）1

试题解析
一个部门可包含多名员工，一个员工只能属于一个部门，因此部门与员工为 1:*关系。

一个客户可有多条预订信息，一条预订信息仅对应一位客户（蕴含一间客房也仅能对应一位客户），因此客户与客房为 1:* 关系。

【问题 2】参考答案

需要增加员工和权限之间 *:1 的联系，如下图所示。

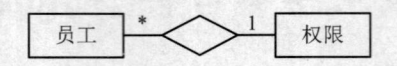

员工 ——*——◇——1—— 权限

【问题 3】参考答案

（4）员工号，部门号　　　　　（5）客房号
（6）身份证号　　　　　　　　（7）岗位
（8）客房号，身份证号

试题解析

本题根据逻辑结构设计中对每个关系模式的描述进行填空即可。

【问题 4】参考答案

若将权限表中的操作权限属性放在员工表中，缺点是相同岗位的操作权限在员工表中重复存储，存在数据冗余；优点是在一定程度上简化了表关系，在进行与操作权限相关的操作时，无需进行表的连接操作。

试题解析

在数据库设计中，对于权限的管理，一种常见的做法是将用户、角色和权限信息分别存储在不同的表中。这种设计方式可以更好地管理用户的权限，提供更好的灵活性和可扩展性。

也可以将权限信息直接存储在员工表中，通过添加额外的列来保存员工的权限相关信息。这样做的优点是：①简化了表关系；②在进行权限相关操作时，无需与权限表进行连接操作，这样单独从权限相关的操作来看效率可能是提高了。缺点是：由于增加了数据冗余，单表规模扩大，在其他操作时会相应地增大操作开销，如在查询操作时可能会导致查询效率降低。

试题三　参考答案/试题解析

【问题 1】参考答案

C1：Address　　　C2：Riding　　　C3：Ineligible　　　C4：Eligible

试题解析

先把说明中给出的 8 个类名列出来，然后根据类图从中划掉 4 个，则答案就可以在这个 4 剩余的类名中进行选择。

首先看 C1，它与 City 及 Town 是多对 1 的 in 关系，即 1 个 Town 或 City 里，有多个 C1，结合说明，可知 C1 为居住地址（Address）。同理，可推断出其余答案。

【问题 2】参考答案

M1：1　　　M2：*　　　M3：*　　　M4：1　　　M5：*　　　M6：1

试题解析

在面向对象设计中，类图可以展现类之间的关联关系，并且可以通过多重度来表示数量关系，即一个类的实例能够与另一个类的多少个实例相关联。

【问题 3】参考答案

将 M1 与 M4 由 1，修改为 1..*。

试题解析

以 M4 所在的 C2 为例，C2 表示选区，则 1..*表示：一个合法选民（Eligible）至少需注册一个选区，最多可注册多个选区。

试题四　参考答案/试题解析

【问题 1】参考答案

（1）j=0

（2）b[j]=b[j]+s[i] 及其等价形式

（3）min=temp

（4）b[m]=b[m]+s[i] 及其等价形式

试题解析

b[j]=b[j]+s[i] 等价于 b[j]+= s[i]。

【问题 2】参考答案

贪心　　动态规划　　O(n)　　$O(n^2)$

试题解析

假设我们想从北京去上海，要求最短时间到达。前提条件是只有两条路可走：一是经杭州到上海（北京到杭州 10 小时，杭州到上海 2 小时），二是经郑州到上海（北京到郑州 6 小时，郑州到上海 8 小时）。

如果用贪心算法，第一步肯定选择到郑州；第二步没有其他选择，只能到上海。这总共需 14 小时，显然不是最优解。

如果用动态规划算法，第一步也是选到郑州，但这一步同时也会记录北京到杭州的时间；第二步先算出经郑州到上海需 14 小时，但同时还会算出经杭州到上海需 12 小时。经过比较，会得出经杭州到上海的解更优。

本题中 firstfit 算法的任何一步，只关注能不能把当前货物装进当前集装箱，能装进去就装。而对于 bestfit 算法来说，如果货物当前能够装进集装箱，不能直接装进去，还需要计算一下：在已经装过货物的集装箱中，可能有多个集装箱的剩余空间能装下这个货物，还应判断装到哪一个集装箱里面时集装箱的剩余容量最小。显然，firstfit 采用的是贪心算法，bestfit 采用的是动态规划算法。严格上来说，贪心算法是动态规划算法的一个特例。从时间复杂度上来说，贪心算法是比动态规划算法低一个级别的，这从两个函数的代码也可以看出来：bestfit 包含一个 for 循环嵌套，而 firstfit 不包含 for 循环嵌套。我们知道时间复杂度可用代码中的循环复杂度来衡量：一层循环时间复杂度为 O(n)，两层循环时间复杂度为 $O(n^2)$。

【问题 3】参考答案

5，4，最先适宜策略（firstfit）不能保证得到最优解，但最优适宜策略（bestfit）可以得到最优解。

试题五 参考答案/试题解析

（1）Subject
（2）(*it)->update(temperature，humidity，cleanness)
（3）notifyObservers()
（4）measurementsChanged()
（5）envData->registerObserver(this)

试题解析

观察者模式（Observer Pattern）也称为发布-订阅模式（Publish-Subscribe Design Pattern）。它是一种行为型设计模式，用于在对象之间建立一对多的依赖关系，这样当一个对象（被观察者或被订阅者）状态改变时，它的所有依赖者（观察者或订阅者）都会收到通知并自动更新。基于观察者模式的设计意图，其中需定义四种角色：抽象目标角色（Subject）、具体目标角色（ConcreteSubject）、抽象观察者角色（Observer）、具体观察者角色（ConcreteObserver）。

Subject 也称为抽象目标类，即被观察对象或者被订阅对象的抽象类。其中定义了三个方法：registerObserver()用于观察者的注册；removeObserver()用于观察者的删除；notityObserver()用于向观察者发出通知。这个类是抽象类，因此其中的方法都不在此类中进行实现，而是在 ConcreteSubject 类中进行实现，现时这个类也不能实例化。

ConcreteSubject 也称为具体目标类，它对抽象目标类中的方法进行实现，当具体目标（被观察者）的状态发生改变时，通知所有注册过的观察者对象。同时，具体的被观察者也是用这个类来实例化的。

Observer 为观察者抽象类或接口，它定义了一个观察者更新的方法，但这个方法并不在此类中实现，而是在 ConcreteObserver 类中实现。

ConcreteObserver 实现抽象观察者角色中所定义的抽象方法，在收到目标的更新通知时更改自己的状态。同时，此类也用于观察者的实例化。

本题中，Observer 类为观察者的抽象类，Subject 类为被观察者（或者说观察对象）的抽象类，EnvironmentData 类对 Subject 进行实现，CurrentConditionsDisplay 类对 Observer 类进行实现。

（1）类 EnvironmentData 就相当于是一个 ConcreteSubject 角色，它是对抽象目标类 Subject 的实现。因此本空填 Subject。

（2）it 是 iterator 类型的变量，相当于循环变量。如果 it 指向的不是保存了所有观察者的 observers 数组的末尾，就把向数组中的该对象（观察者）发现通知，这些通知是通过调用 it 所指向的对象的 update 方法来实现的。it 所指向的数组元素用(*it)表示，通过(*it)->update，可调用该数组中元素的 update 方法。update 方法有三个参数，根据该方法的定义即可得到这些参数，注意调用方法时，参数不必写类型。

（3）使用 notifyObservers()方法把变化通知所有观察者。

（4）把获得的测量数据赋给本对象，然后调用 measurementsChanged()方法。

（5）envData 是由主程序实例化的 EnvironmentData 类型的对象，而 EnvironmentData 类型即被观察者，因此 envData 就是一个具体的被观察者。CurrentConditionsDisplay 方法通过参数 envData

设定被观察对象：第一步把被观察者 envData 与观察者 CurrentConditionsDisplay 对象绑定；第二步把观察者对象通过 envData 的 registerObserver()方法注册到被观察者对象（即 envData）。

试题六　参考答案/试题解析

（1）Subject
（2）observer.update(temperature,humidity,cleanness)
（3）notifyObservers()
（4）measurementsChanged()
（5）envData.registerObserver(this)

软件设计师 机考试卷第 3 套
基础知识卷

- 计算机操作的最小单元时间是__(1)__。
  - (1) A. 时钟周期　　　　B. 指令周期　　　　C. CPU 周期　　　　D. 中断周期
- 下列说法中正确的是__(2)__。
  - (2) A. 当机器采用原码表示时，0 有两种编码方式
    - B. 当机器采用反码表示时，0 有一种编码方式
    - C. 当机器采用补码表示时，0 有两种编码方式
    - D. 无论机器数采用何种码表示，0 都有两种编码方式
- 在一个容量为 128KB 的 SRAM 存储芯片上，按字长 32 位编址，其地址范围可从 0000H 到__(3)__。
  - (3) A. 3fffH　　　　B. 7fffH　　　　C. 3ffffH　　　　D. 7ffffH
- 若某存储器存储周期为 250ns，每次读出 16 位，该存储器的数据传输率是__(4)__。
  - (4) A. $4*10^6$B/s　　　　B. $4*10^{20}$B/s　　　　C. $8*10^6$B/s　　　　D. $4*10^{20}$B/s
- 假设某系统总线在一个总线周期中并行传输 4 个字节信息，一个总线周期占用 2 个时钟周期，总线时钟频率为 10MHz，则总线带宽是__(5)__。
  - (5) A. 10MB/s　　　　B. 20MB/s　　　　C. 40MB/s　　　　D. 80MB/s
- 在 OSI 参考模型中，直接为会话层提供服务的是__(6)__。
  - (6) A. 应用层　　　　B. 表示层　　　　C. 传输层　　　　D. 网络层
- 下列网络联接设备都工作在数据链路层的是__(7)__。
  - (7) A. 中继器和集线器　　　　B. 集线器和网桥
    - C. 网桥和局域网交换机　　　　D. 集线器和局域网交换机
- 某网络的 IP 地址空间为 192.168.5.0/24，采用定长子网划分，子网掩码为 255.255.255.248，则该网络中的最大子网个数为__(8)__，每个子网内的最大可分配地址的个数为__(8)__。
  - (8) A. 32，8　　　　B. 32，6　　　　C. 8，32　　　　D. 8，30
- 可靠传输协议中的"可靠"指的是__(9)__。
  - (9) A. 使用面向联接的会话　　　　B. 使用"尽力而为"的传输
    - C. 使用滑动窗口来维持可靠性　　　　D. 使用确认机制来确保传输的数据不丢失
- SMTP 基于传输层的__(10)__协议，POP3 基于传输层的__(10)__协议。
  - (10) A. TCP，TCP　　　　B. TCP，UDP　　　　C. UDP，UDP　　　　D. UDP，TCP
- 关于 CA 和数字证书的关系，以下说法不正确的是__(11)__。
  - (11) A. 数字证书是保证双方之间的通信安全的电子信任关系，它由 CA 签发

B. 数字证书一般依靠 CA 中心的对称密钥机制来实现
C. 在电子交易中，数字证书可以用于表明参与方的身份
D. 数字证书能以一种不能被假冒的方式证明证书持有人身份

- 我国发明、实用新型和外观设计三种专利的保护期限分别是__(12)__。
 (12) A. 20年、10年、15年　　　　B. 10年、20年、10年
　　　C. 10年、10年、20年　　　　D. 20年、10年、无期限
- 计算机软件著作权的保护期限的起算时间是__(13)__。
 (13) A. 软件开发开始之日　　　　B. 软件开发完成之日
　　　C. 软件发表之日　　　　　　D. 软件首次售出之日
- 依据《商标法》的规定，商标专用权应当授予符合法定条件的__(14)__。
 (14) A. 商标设计人　　B. 商标使用人　　C. 商标申请人　　D. 商标标识制作人
- 结构化分析方法通过数据流图、__(15)__和加工说明等描述工具，即通过直观的图和简洁的语言来描述软件系统模型。
 (15) A. DFD 图　　　B. 数据字典　　　C. IPO 图　　　D. PAD 图
- 结构化方法使用数据流图描述__(16)__。
 (16) A. 系统的控制流程　　　　　B. 系统的数据结构
　　　C. 数据的基本加工　　　　　D. 系统的功能
- 下列说法错误的是__(17)__。
 (17) A. 面向对象方法不仅支持过程抽象，还支持数据抽象
　　　B. 某些面向对象的程序设计语言还支持参数化抽象
　　　C. 信息隐蔽通过对象的封装性来实现
　　　D. 在面向对象方法中，对象是最基本的模块
- 常用的中间代码形式不含__(18)__。
 (18) A. 三元式　　　B. 四元式　　　C. 逆波兰式　　　D. 语法树
- 状态转换图如下图所示，其可以接受的字符集为__(19)__。

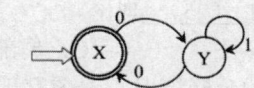

 (19) A. 以 0 开头的二进制数组成的集合　　B. 以 0 结尾的二进制数组成的集合
　　　C. 含奇数个 0 的二进制数组成的集合　　D. 以 0 开头和结尾的二进制数组成的集合
- 中间代码生成时，所依据的是__(20)__。
 (20) A. 词法规则　　B. 语法规则　　C. 语义规则　　D. 等价变换规则
- 进程 P1、P2、P3、P4、P5 的前趋图如下图所示。

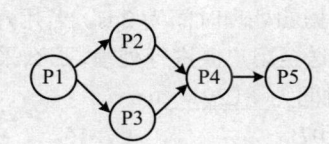

若用 PV 操作控制进程并发执行的过程，则需要相应于进程执行过程设置 5 个信号量 S1、S2、S3、S4 和 S5，且信号量初值都等于 0。下图中 a 处应填写___(21)___；b 和 c、d 和 e 应分别填写___(22)___，f、g 和 h 应分别填写___(23)___。

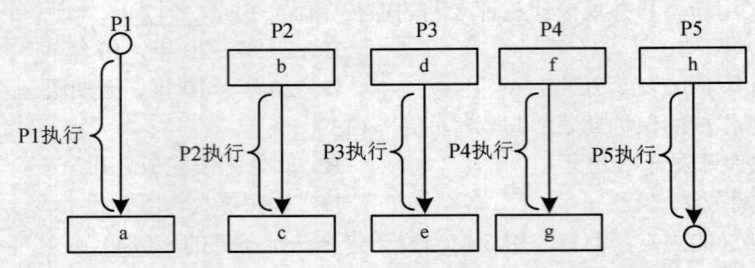

(21) A. P（S1）和 P（S2）　　　　　　　B. V（S1）和 V（S2）
　　 C. P（S1）和 V（S2）　　　　　　　D. P（S2）和 V（S1）

(22) A. P（S1）和 P（S2）、V（S3）和 V（S4）
　　 B. P（S1）和 P（S2）、P（S3）和 P（S4）
　　 C. V（S1）和 V（S2）、P（S3）和 P（S4）
　　 D. P（S1）和 V（S3）、P（S2）和 V（S4）

(23) A. P（S3）V（S4）、V（S5）和 P（S5）
　　 B. V（S3）V（S4）、P（S5）和 V（S5）
　　 C. P（S3）P（S4）、V（S5）和 P（S5）
　　 D. V（S3）P（S4）、P（S5）和 V（S5）

● 操作系统中，死锁出现是指___(24)___。
　　(24) A. 计算机系统发生重大故障
　　　　 B. 资源个数远远小于进程数
　　　　 C. 若干个进程因竞争而无限等待其他进程释放已占有的资源
　　　　 D. 进程同时申请的资源数超过资源总数

● 虚拟存储管理系统的基础是程序的___(25)___理论。
　　(25) A. 动态性　　　B. 虚拟性　　　C. 局部性　　　D. 全局性

● 文件系统用位图法表示磁盘空间的分配情况，位图存于磁盘的 32~127 号块中，每个盘块占 1024B，盘块和块内字节均从 0 开始编号，假设要释放的盘块号是 409612，则位图中要修改的位所在的盘块号和块内字节序号分别为___(26)___，___(27)___。
　　(26) A. 80　　　　　B. 81　　　　　C. 82　　　　　D. 83
　　(27) A. 0　　　　　B. 1　　　　　 C. 2　　　　　 D. 3

● 假设磁盘块与缓冲区大小相同，每个盘块读入缓冲区的时间为 10μs，由缓冲区送至用户区的时间是 5μs，系统对每个磁盘块数据的处理时间为 2μs，若用户需要将大小为 10 个磁盘块的 Doc 文件逐块从磁盘读入缓冲区，并送至用户区进行处理，那么采用单缓冲区需要花费时间为___(28)___μs；采用双缓冲区需要花费的时间为___(29)___μs。
　　(28) A. 100　　　　B. 107　　　　C. 152　　　　D. 170

(29) A. 100　　　　　B. 107　　　　　C. 152　　　　　D. 170
- 如果某种内聚要求一个模块中包含的任务必须在同一段时间内执行，则称为__(30)__。
  (30) A. 时间内聚　　B. 逻辑内聚　　C. 通信内聚　　D. 信息内聚
- 一个模块直接控制（调用）的下层模块的数目称为模块的__(31)__。
  (31) A. 扇入数　　　B. 扇出数　　　C. 宽度　　　　D. 作用域
- 某公司计划开发一种产品，技术含量很高，与客户相关的风险也很多，则最适于采用__(32)__开发过程模型。
  (32) A. 瀑布　　　　B. 原型　　　　C. 螺旋　　　　D. 增量
- 在敏捷过程的开发方法中，__(33)__使用了迭代的方法，其中，把每段时间（30天）一次的迭代称为一个"冲刺"，并按需求的优先级别来实现产品，多个自组织和自治的小组并行地递增实现产品。
  (33) A. 极限编程 XP　B. 水晶法　　　C. 并列争球法　D. 自适应软件开发
- 发现错误能力最弱的是__(34)__。
  (34) A. 语句覆盖　　B. 判定覆盖　　C. 条件覆盖　　D. 路径覆盖
- 采用白盒测试方法对下图进行测试，设计了4个测试用例：①(x=0,y=3)；②(x=1,y=2)；③(x=-1, y=2)；④(x=3,y=1)。至少需要测试用例①②才能完成__(35)__覆盖，至少需要测试用例①②③或①②④才能完成__(36)__覆盖。

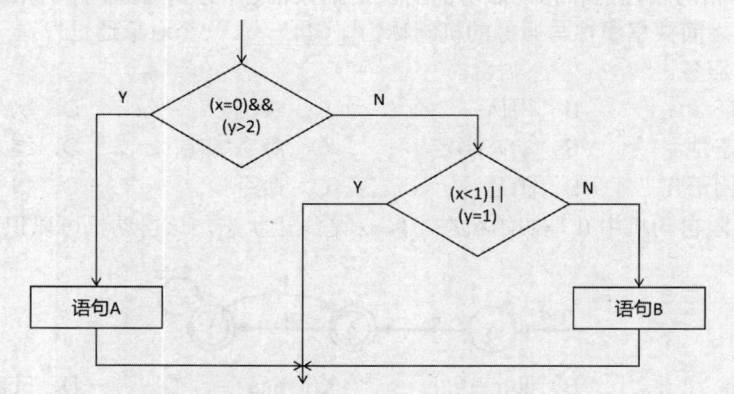

(35) A. 语句　　　　B. 条件　　　　C. 判定/条件　　D. 路径
(36) A. 语句　　　　B. 条件　　　　C. 判定/条件　　D. 路径
- __(37)__是体现的是整体与部分、拥有的关系，即 has-a 的关系，此时整体与部分之间是可分离的，它们可以具有各自的生命周期，部分可以属于多个整体对象，也可以为多个整体对象共享。
  (37) A. 泛化　　　　B. 关联　　　　C. 聚合　　　　D. 组合
- 在面向对象程序设计语言中，对象之间通过__(38)__方式进行通信。以下关于面向对象程序设计语言的叙述中，不正确的是__(39)__。
  (38) A. 多态　　　　B. 继承　　　　C. 引用　　　　D. 消息传递
  (39) A. 应该支持通过指针进行引用　　　　B. 应该支持类与实例的概念
　　　 C. 应该支持封装　　　　　　　　　　D. 应该支持继承和多态

- 下图所示为__(40)__设计模式，属于__(41)__设计模式，适用于__(42)__。

    (40) A. 代理（Proxy）　　　　　　　　　B. 生成器（Builder）
　　　　C. 组合（Composite）　　　　　　　D. 观察者（Observer）
    (41) A. 创建型　　　　　　　　　　　　B. 结构型
　　　　C. 行为型　　　　　　　　　　　　D. 结构型和行为型
    (42) A. 表示对象的"部分-整体"层次结构时
　　　　B. 当一个对象必须通知其他对象，而它又不能假定其他对象是谁时
　　　　C. 当创建复杂对象的算法应该独立于该对象的组成部分及其装配方式时
　　　　D. 在需要比较通用和复杂的对象指针代替简单的指针时

- 类是一组具有相同属性的和相同服务的对象的抽象描述，类中的每个对象都是这个类的一个__(43)__。类之间共享属性与服务的机制称为__(44)__。一个对象通过发送__(45)__来请求另一个对象为其服务。

    (43) A. 例证　　　　　B. 用例　　　　　C. 实例　　　　　D. 例外
    (44) A. 多态性　　　　B. 动态绑定　　　C. 静态绑定　　　D. 继承
    (45) A. 调用语句　　　B. 消息　　　　　C. 命令　　　　　D. 口令

- 下图所示的有限自动机中 0 是初始状态，1、2 是终止状态，该自动机可以识别__(46)__。

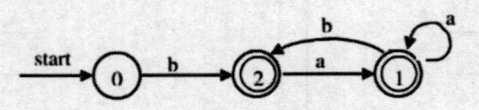

    (46) A. bbb　　　　　B. abb　　　　　C. baa　　　　　D. bba

- 保护数据库，防止未经授权或不合法的使用造成的数据泄露、非法更改或破坏。这是指数据的__(47)__。

    (47) A. 安全性　　　　B. 完整性　　　　C. 并发控制　　　D. 恢复

- 如果一门课程可以由若干名教师教授，一名教师可以教授若干门课程，那么，"教师"与"课程"这两个实体集之间的联系是__(48)__。

    (48) A. n:1　　　　　B. n:m　　　　　C. 1:n　　　　　D. 1:1

- 在 DB 技术中，"脏数据"是指__(49)__。

    (49) A. 未回退的数据　　　　　　　　　B. 未提交的数据
　　　　C. 回退的数据　　　　　　　　　　D. 未提交随后又被撤销的数据

- 有一名为"列车运营"的实体,包含车次、日期、实际发车时间、实际抵达时间、情况摘要等属性,该实体的主码是__(50)__。
   (50) A. 车次　　　　　　　　　　　　B. 日期
        C. 车次+日期　　　　　　　　　　D. 车次+情况摘要
- 在分布式数据库中有分片透明、复制透明、位置透明和逻辑透明等基本概念,其中,__(51)__是指用户或应用程序不需要知道逻辑上访问的表具体是怎么分块存储的;__(52)__是指用户无须知道数据存放的物理位置。
   (51) A. 分片透明　　B. 复制透明　　C. 位置透明　　D. 逻辑透明
   (52) A. 分片透明　　B. 复制透明　　C. 位置透明　　D. 逻辑透明
- 3个不同元素依次进栈,能得到__(53)__种不同的出栈序列。
   (53) A. 4　　　　　B. 5　　　　　C. 6　　　　　D. 7
- 对于空栈S进行Push和Pop操作,入栈序列为a、b、c、d、e,经过Push、Push、Pop、Push、Pop、Push、Push、Pop操作后得到的出栈序列是__(54)__。
   (54) A. b、a、c　　B. b、a、e　　C. b、c、a　　D. b、c、e
- 在一个二维数组A中,假设每个数组元素的长度为3个存储单元,行下标i为0~8,列下标j为0~9,从首地址SA开始连续存放,在这种情况下,元素A[8][5]的起始地址为__(55)__。
   (55) A. SA+141　　B. SA+144　　C. SA+222　　D. SA+255
- 已知一棵二叉树的先序遍历结果为ABCDEF,中序遍历结果为CBAEDF,则后序遍历结果为__(56)__。
   (56) A. CBEFDA　　B. FEDCBA　　C. CBEDFA　　D. 不确定
- 一棵哈夫曼树共有215个节点,对其进行哈夫曼编码,共能得到__(57)__个不同的码字。
   (57) A. 107　　　　B. 108　　　　C. 214　　　　D. 215
- 给定整数集合{3,5,6,9,12},与之对应的哈夫曼树是__(58)__。
   (58) A.　　　　　　　　　　　　　　B. 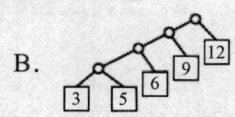
        C. 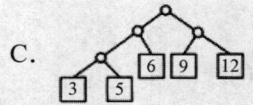　　　　　　　　　　　　　　D. 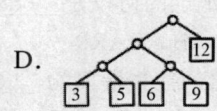
- 下列关于图的存储结构的叙述中,正确的是__(59)__。
   (59) A. 一个图的邻接矩阵表示唯一,邻接表表示唯一
        B. 一个图的邻接矩阵表示不唯一,邻接表表示唯一
        C. 一个图的邻接矩阵表示唯一,邻接表表示不唯一
        D. 一个图的邻接矩阵表示不唯一,邻接表表示不唯一
- 在含有n个顶点和e条边的无向图的邻接矩阵中,零元素的个数是__(60)__。
   (60) A. e　　　　　B. 2e　　　　　C. n^2-e　　　　D. n^2-2e

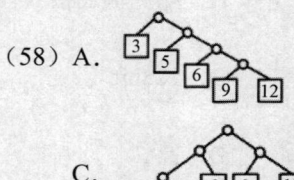

● 对如下无向图进行遍历，则下列选项中，不是广度优先遍历序列的是 (61) 。

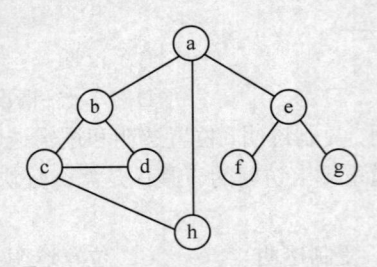

```
        a
       / \
      b   e
     /|   |\
    c-d   f g
      \  /
       h
```

(61) A. h-c-a-b-d-e-g-f B. e-a-f-g-b-h-c-d
     C. d-b-c-a-h-e-f-g D. a-b-c-d-h-e-f-g

● 已知一个有序表 13,18,24,35,47,50,62,83,90,115,134，当二分查找值为 90 的元素时，查找成功的比较次数为 (62) 。
(62) A. 1 B. 2 C. 4 D. 6

● 设散列表长 m=14，散列函数 H(key)=key%11，表中仅有 4 个节点：H(15)=4，H(38)=5，H(61)=6，H(84)=7。若采用线性探测法处理冲突，则关键字为 49 的节点地址是 (63) 。
(63) A. 8 B. 3 C. 5 D. 9

● 有一组数据 15,9,7,8,20,-1,7,4，用堆排序的筛选方法建立的初始小根堆为 (64) 。
(64) A. -1,4,8,9,20,7,15,7   B. -1,7,15,7,4,8,20,9
     C. -1,4,7,8,20,15,7,9   D. 以上均不对

● 下面的 (65) 协议中，客户机和服务器之间采用面向无连接的协议进行通信。
(65) A. FTP B. SMTP C. DNS D. HTTP

● 在 TCP/IP 参考模型中，传输层的主要作用是在互联网的源主机和目的主机对等实体之间建立用于会话的 (66) 。
(66) A. 操作连接 B. 点到点连接 C. 控制连接 D. 端到端连接

● IPv6 地址长度是 (67) 。
(67) A. 32bit B. 48bit C. 64bit D. 128bit

● 可以动态为主机配置 IP 地址的协议是 (68) 。
(68) A. ARP B. RARP C. DHCP D. NAT

● 默认情况下，FTP 服务器的控制端口为 (69) ，上传文件时的端口为 (70) 。
(69) A. 大于 1024 的端口 B. 20 C. 80 D. 21
(70) A. 大于 1024 的端口 B. 20 C. 80 D. 21

● Why We Have Formal Documents?

Firstly, writing the decisions down is essential. Only when one writes do the gaps appear and the (71) protrude（突出）. The act of writing turns out to require hundreds of mini-decisions, and it is the existence of these that distinguishes clear, exact policies from fuzzy ones.

Second, the documents will communicate the decisions to others. The manager will be continually amazed that policies he took for common knowledge are totally unknown by some member of his team.

Since his fundamental job is to keep everybody going in the (72) direction, his chief daily task will be communication, not decision-making, and his documents will immensely (73) this load.

Finally, a manager's documents give him a data base and checklist. By reviewing them (74) he sees where he is, and he sees what changes of emphasis or shifts in direction are needed.

The task of the manager is to develop a plan and then to realize it. But only the written plan is precise and communicable. Such a plan consists of documents on what, when, how much, where, and who. This small set of critical documents (75) much of the manager's work. If their comprehensive and critical nature is recognized in the beginning, the manager can approach them as friendly tools rather than annoying busywork. He will set his direction much more crisply and quickly by doing so.

（71） A. inconsistencies　　B. consistencies　　C. steadiness　　D. adaptability
（72） A. other　　B. different　　C. another　　D. same
（73） A. extend　　B. broaden　　C. lighten　　D. release
（74） A. periodically　　B. occasionally　　C. infrequently　　D. rarely
（75） A. decides　　B. encapsulates　　C. realizes　　D. recognizes

软件设计师 机考试卷第3套
应用技术卷

试题一（15分）

阅读下列说明和图，回答【问题1】～【问题4】，将解答填入答题区的对应栏内。

【说明】

某时装邮购提供商拟开发订单处理系统，用于处理客户通过电话、传真、邮件或 Web 站点所下订单。其主要功能如下：

（1）增加客户记录。将新客户信息添加到客户文件，并分配一个客户号以备后续使用。

（2）查询商品信息。接收客户提交的商品信息请求，从商品文件中查询商品的价格和可订购数量等商品信息，返回给客户。

（3）增加订单记录。根据客户的订购请求及该客户记录的相关信息，产生订单并添加到订单文件中。

（4）产生配货单。根据订单记录产生配货单，并将配货单发送给仓库进行备货；备好货后，发送备货就绪通知。如果现货不足，则需向供应商订货。

（5）准备发货单。从订单文件中获取订单记录，从客户文件中获取客户记录，并产生发货单。

（6）发货。当收到仓库发送的备货就绪通知后，根据发货单给客户发货；产生装运单并发送给客户。

（7）创建客户账单。根据订单文件中的订单记录和客户文件中的客户记录，产生并发送客户账单，同时更新商品文件中的商品数量和订单文件中的订单状态。

（8）产生应收账户。根据客户记录和订单文件中的订单信息，产生并发送给财务部门应收账户报表。

现采用结构化方法对订单处理系统进行分析与设计，获得如图 1-1 所示的顶层数据流图和图 1-2 所示的 0 层数据流图。

【问题1】（3分）

使用说明中的词语，给出图 1-1 中的实体 E1～E3 的名称。

【问题2】（3分）

使用说明中的词语，给出图 1-2 中的数据存储 D1～D3 的名称。

【问题3】（7分）

给出图 1-2 中处理（加工）P1 和 P2 的名称及其相应的输入/输出流。

【问题 4】（2 分）

除加工 P1 和 P2 的输入/输出流外，图 1-2 还缺失了 1 条数据流，请给出其起点和终点（名称使用说明中的词汇，起点和终点均使用图 1-2 中的符号或词汇）。

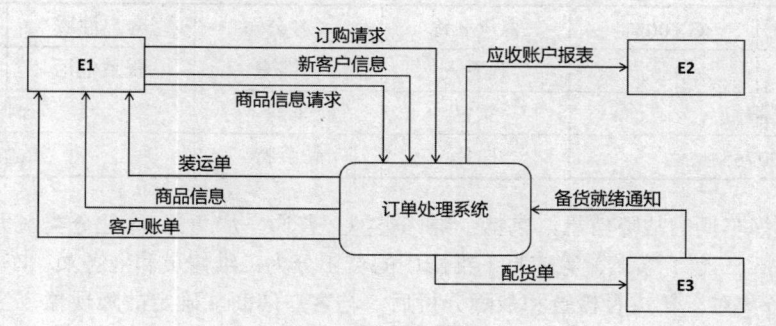

图 1-1　顶层数据流图

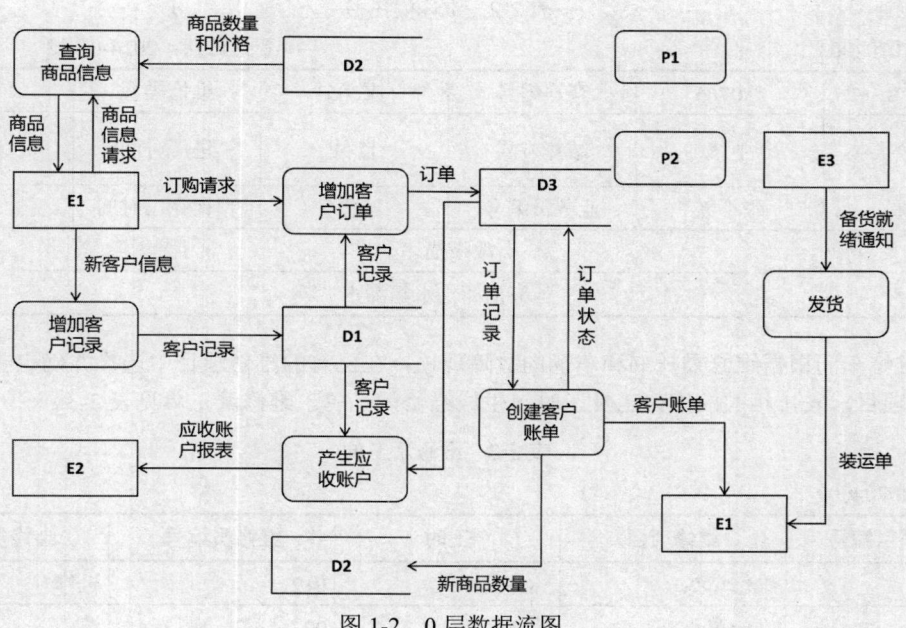

图 1-2　0 层数据流图

试题二（15 分）

阅读下列说明，回答【问题 1】～【问题 4】，将解答填入答题区的对应栏内。

【说明】

某汽车维修站拟开发一套小型汽车维修管理系统，对车辆的维修情况进行管理。

1. 对于新客户及车辆，汽车维修管理系统首先登记客户信息，包括：客户编号、客户名称、客户性质（个人、单位）、折扣率、联系人、联系电话等信息；还要记录客户的车辆信息，包括：车牌号、车型、颜色等信息。一个客户至少有一台车。客户及车辆信息见表 2-1。

表 2-1 客户及车辆信息

客户编号	GX0051	客户名称	××公司	客户性质	单位
折扣率	95%	联系人	杨浩东	联系电话	82****79
车牌号		颜色		车型	车辆类别
**0765		白色		帕萨特	微型车

2. 记录维修车辆的故障信息，包括：维修类型（普通、加急）、作业分类（大、中、小修）、结算方式（自付、三包、索赔）等信息。维修厂的员工分为：维修员和业务员。车辆维修首先委托给业务员。业务员对车辆进行检查和故障分析后，与客户磋商，确定故障现象，生成维修委托书，维修委托书见表 2-2。

表 2-2 维修委托书

No. 20070702003　　　　　　　　　　　　　登记日期：2024-07-02

车牌号	**0765	客户编号	GX0051	维修类型	普通
作业分类	中修	结算方式	自付	进厂时间	20240702 11:09
业务员	张小红	业务员编号	012	预计完工时间	
故障描述					
车头损坏，水箱漏水					

3. 维修车间根据维修委托书和车辆的故障现象，在已有的维修项目中选择并确定一个或多个具体维修项目，安排相关的维修工及工时，生成维修派工单。维修派工单见表 2-3。

表 2-3 维修派工单

No. 20240702003

维修项目编号	维修项目	工时	维修员编号	维修员工种
012	维修车头	5.00	012	机修
012	维修车头	2.00	023	漆工
015	水箱焊接补漏	1.00	006	焊工
017	更换车灯	1.00	012	机修

4. 客户车辆在车间修理完毕后，根据维修项目单价和维修派工单中的工时计算车辆此次维修的总费用，记录在委托书中。

根据需求阶段收集的信息，设计的实体联系图和关系模式（不完整）如图 2-1 所示。图 2-1 中业务员和维修工是员工的子实体。

【概念结构设计】

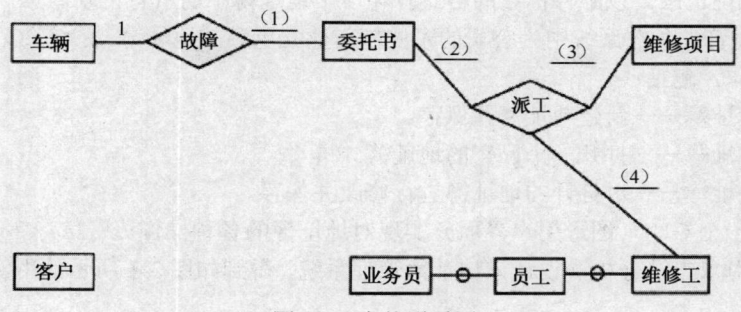

图 2-1　实体联系图

【逻辑结构设计】
客户：__(5)__，折扣率，联系人，联系电话。
车辆：车牌号，客户编号，车型，颜色，车辆类别。
委托书：__(6)__，维修类型，作业分类，结算方式，进厂时间，预计完工时间，登记日期，故障描述，总费用。
维修项目：维修项目编号，维修项目，单价。
派工单：__(7)__，工时。
员工：__(8)__，工种，员工类型，级别。

【问题1】（4分）
根据问题描述，填写图 2-1 中（1）~（4）处联系的类型。联系类型分为一对一、一对多和多对多三种，分别使用"1:1""1:*""*:*"表示。

【问题2】（4分）
补充图 2-1 中的联系并指明其联系类型。联系名可为：联系1，联系2，…。

【问题3】（4分）
根据图 2-1 和说明，将逻辑结构设计阶段生成的关系模式中的（5）~（8）补充完整。

【问题4】（3分）
根据问题描述，写出客户、委托书和派工单这三个关系的主键。

试题三（15分）

阅读下列说明和图，回答问题1至问题3，将解答填入答题区的对应栏内。

【说明】
某公司的人事部门拥有一个地址簿管理系统（AddressBookSystem），用于管理公司所有员工的地址记录（PersonAddress）。员工的地址记录包括：姓名、住址、城市、省份、邮政编码以及联系电话等信息。
管理员可以完成对地址簿中地址记录的管理操作，包括：
（1）维护地址记录。根据公司的人员变动情况，对地址记录进行添加、修改、删除等操作。

（2）排序。按照员工姓氏的字典顺序或邮政编码对地址簿的所有记录进行排序。

（3）打印地址记录。以邮件标签的格式打印一个地址簿中的所有记录。

为便于管理，管理员在系统中为公司的不同部门建立单独的地址簿。系统会记录管理员对每个地址簿的修改操作，包括：

（1）创建地址簿——新建地址簿并保存。

（2）打开地址簿——打开一个已有的地址簿。

（3）修改地址簿——对打开的地址簿进行修改并保存。

系统将提供一个GUI（图形用户界面）实现对地址簿的各种操作。

现采用面向对象方法分析并设计该地址簿管理系统，得到如图3-1所示的用例图和如图3-2所示的类图。

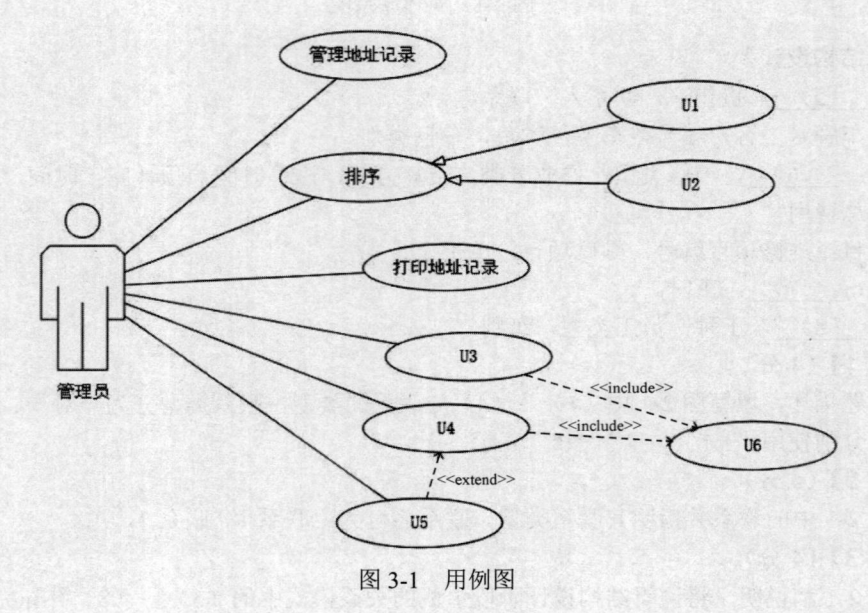

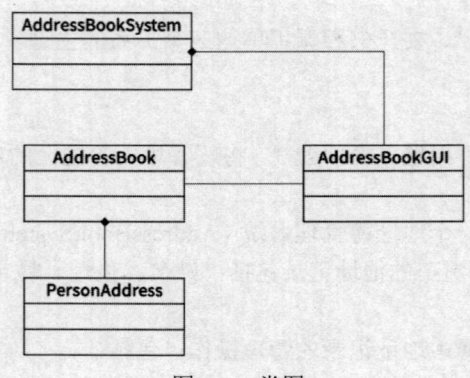

图 3-1 用例图

图 3-2 类图

【问题 1】（6 分）

根据说明中的描述，给出图 3-1 中 U1～U6 所对应的用例名。

【问题 2】（5 分）

根据说明中的描述，给出图 3-2 中类 AddressBook 的主要属性和方法以及类 PersonAddress 的主要属性（可以使用说明中的文字）。

【问题 3】（4 分）

根据说明中的描述以及图 3-1 所示的用例图，请说明 include 关系和 extend 关系的含义。

试题四（15 分）

阅读下列说明和 C 代码，回答问题 1 至问题 3，将解答填入答题区的对应栏内。

【说明】

某工程计算中要完成多个矩阵相乘（链乘）的计算任务。

两个矩阵相乘要求第一个矩阵的列数等于第二个矩阵的行数，计算量主要由进行乘法运算的次数决定。采用标准的矩阵相乘算法计算 $A_{(m*n)}*B_{(n*p)}$，需要 m*n*p 次乘法运算。

矩阵相乘满足结合律，多个矩阵相乘，不同的计算顺序会产生不同的计算量。以矩阵 $A_{1(10*100)}$，$A_{2(100*5)}$，$A_{3(5*50)}$ 三个矩阵相乘为例，若按 $(A_1*A_2)*A_3$ 计算，则需要进行 10*100*5+10*5*50=7500 次乘法运算；若按 $A_1*(A_2*A_3)$ 计算，则需要进行 100*5*50+10*100*50=75000 次乘法运算。可见不同的计算顺序对计算量有很大的影响。

矩阵链乘问题可描述为：给定 n 个矩阵 $<A_1,A_2,\cdots,A_n>$，矩阵 A_i 的维数为 (p_{i-1},p_i)，其中 i = 1,2,$\cdots$,n。确定一种乘法顺序，使得这 n 个矩阵相乘时进行乘法的运算次数最少。

由于可能的计算顺序的数量非常庞大，对较大的 n，用蛮力法确定计算顺序是不切实际的。经过对问题进行分析，发现矩阵链乘问题具有最优子结构，即若 $A_1*A_2*\cdots*A_n$ 的一个最优计算顺序从第 k 个矩阵处断开，即分为 $A_1*A_2*\cdots A_k$ 和 $A_{k+1}*A_{k+2}*\cdots*A_n$ 两个子问题，则该最优解应该包含 $A_1*A_2*\cdots*A_k$ 的一个最优计算顺序和 $A_{k+1}*A_{k+2}*\cdots A_n$ 的一个最优计算顺序。据此构造递归式：

$$\text{cost}[i][j] = \begin{cases} 0 & \text{if i = j} \\ \min_{i \leq k < j} \min_{i \leq k < j} \{\text{cost}[i][k] + \text{cost}[k+1][j] + p_i * p_{k+1} * p_{j+1}\} & \text{if i < j} \end{cases}$$

其中，cost[i][j] 表示 $A_{i+1}*A_{i+2}*\cdots A_{j+1}$ 的最优计算的计算代价。最终需要求解 cost[0][n-1]。

【C 代码】

算法实现采用自底向上的计算过程。首先计算两个矩阵相乘的计算量，然后依次计算 3 个矩阵、4 个矩阵、$\cdots$、n 个矩阵相乘的最小计算量及最优计算顺序。下面是算法的 C 语言实现。

（1）主要变量说明。

n：矩阵数。

seq[]：矩阵维数序列。

cost[][]：二维数组，长度为 n*n，其中元素 cost[i][j] 表示 $A_{i+1}*A_{i+2}*\cdots A_{j+1}$ 的最优计算的计算代价。

trace[][]：二维数组，长度为 n*n，其中元素 trace[i][j] 表示 $A_{i+1}*A_{i+2}*A_{j+1}$ 的最优计算对应的划

分位置，即 k。

（2）函数 cmm()。

```c
#define N 100
int cost[N][N];
int trace[N][N];
int cmm(int n,int seq[]){
    int tempCost;
    int tempTrace;
    int i,j,k,p;
    int temp;
    for(i=0;i<n;i++){ cost[i][i] =0;          //各矩阵自己与自己相乘的代价初始化为 0
    }
    for(p=1;p<n;p++){                         //p 为链长，最外层循环便链长不变加大
        for(i=0;  (1)  ;i++){                 //i 为长为 p 的链的链首，i<n-p
             (2)  ;                            //j 为长为 p 的链的链尾，j=i+p
            tempCost = -1;                    //临时保存计算代价的变量，初始化为-1
            for(k = i;k<j;k++){               //k 作为分割位置
                temp =   (3)  ;               //计算临时代价
                if(tempCost==-1||tempCost>temp){  //临时代价与存入 tempCost
                    tempCost = temp;
                     (4)  ;}                  //把位置信息 k 存入 tempTrace
            }
            cost[i][j] = tempCost;            //把临时代价存入数组
            trace[i][j] = tempTrace;          //把临时位置信息存入位置数组
        }
    }
    return cost[0][n-1];                      //返回各个链长的最小计算代价
}
```

【问题 1】（8 分）

根据以上说明和 C 代码，填充 C 代码中的（1）～（4）。

【问题 2】（4 分）

根据以上说明和 C 代码，该问题采用了 (5) 算法设计策略，时间复杂度 (6) （用 O 符号表示）。

【问题 3】（3 分）

考虑实例 n=6，各个矩阵的维数：A1 为 5*10，A2 为 10*3，A3 为 3*12，A4 为 12*5，A5 为 5*50，A6 为 50*6，即维数序列为 5,10,3,12,5,50,6。则根据上述 C 代码得到的一个最优计算顺序为 (7) （用加括号方式表示计算顺序），所需要的乘法运算次数为 (8) 。

试题五（每空 3 分，共 15 分）

阅读下列说明和 C++代码，回答下列问题。

【说明】

现欲开发一个软件系统，要求能够同时支持多种不同的数据库，为此采用抽象工厂模式设计该系统。以 SQL Server 和 Access 两种数据库以及系统中的数据库表 Department 为例，其类图如图 5-1 所示。

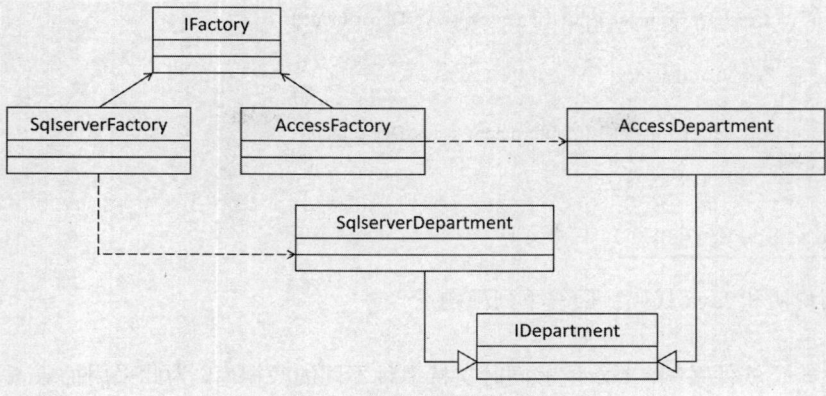

图 5-1 某软件系统的类图

【C++代码】

```
#include <iostream>
using namespace std;
class Department{/*代码省略*/};
class IDepartment{
public:
      (1)   =0;
      (2)   =0;
};
class SqlserverDepartment:   (3)    {
public:
    void Insert(Department* department){
          cout<<"Insert a record into Department in SQL Server!\n";
          //其余代码省略
     }
   Department GetDepartment(int id){
     }
};
class AccessDepartment: public IDepartment {
public:
     void Insert(Department* department){
          cout<<"Insert a record into Department in ACCESS!\n";
          //其余代码省略
     }
   Department GetDepartment(int id){
          /*代码省略*/
     }
};
    (4)    {
public:
    (5)   =0;
};
class SqlServerFactory: public IFactory{
public:
```

```
        IDepartment* CreateDepartment() {return new SqlserverDepartment(); }
    };
    class AccessFactory:public IFactory{
    public:
        IDepartment* CreateDepartment() {   return new AccessDepartment() ;   }
        //其余代码省略
    };
```

试题六（每空 3 分，共 15 分）

阅读下列说明和 Java 代码，回答下列问题。

【说明】

现欲开发一个软件系统，要求能够同时支持多种不同的数据库，为此采用抽象工厂模式设计该系统。以 SQL Server 和 Access 两种数据库以及系统中的数据库表 Department 为例，其类图如图 6-1 所示。

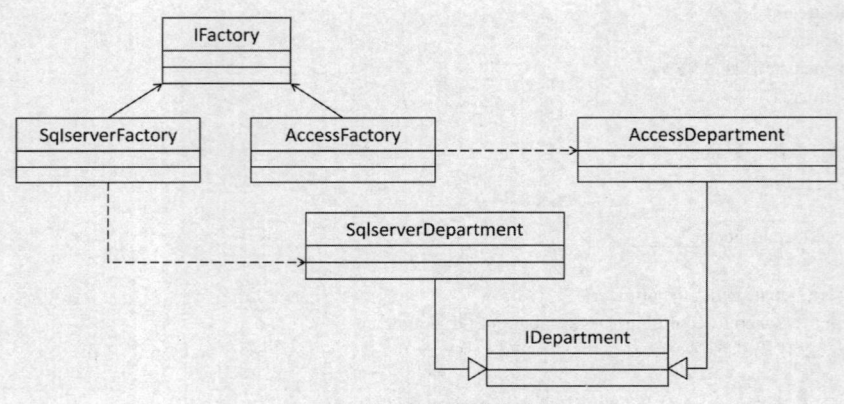

图 6-1 某软件系统的类图

【Java 代码】

```
    import java.util.*;
    class Department{   /*代码省略*/  }
    interface IDepartment{
        ___(1)___ ;
        ___(2)___ ;
    }
    class SqlserverDepartment ___(3)___ {
        public void Insert(Department department){
            System.out.println("Insert a record into Department in SQL Server!");
            //其余代码省略
        }
        public Department GetDepartment(int id){
        }
    }
    class AccessDepartment implements IDepartment {
        public Void Insert(Department department){
```

```
                    System.out.println("Insert a record into Department in ACCESS!");
                    //其余代码省略
            }
            public Department GetDepartment(int id){
            }
    }
        (4)    {
            (5)   ;
    }
    class SqlServerFactory implements IFactory{
            public Department CreateDepartment(){
                    return new SqlserverDepartment();
            }
            //其余代码省略
    }
    class AccessFactory implements IFactory{
            public Department CreateDepartment(){
                    return new AccessDepartment();
            }
            //其余代码省略
    }
```

软件设计师　机考试卷第 3 套
基础知识卷参考答案/试题解析

（1）**参考答案**：A

试题解析　指令周期是指一条指令从读取到执行完的全部时间。指令周期划分为几个不同的阶段，每个阶段所需的时间称为机器周期（又称为 CPU 周期）。也就是说，一个指令周期由若干个 CPU 周期组成，而一个 CPU 周期又包括若干个时钟周期，时钟周期是计算机操作的最小时间单元。中断周期是指从 CPU 收到中断源的中断请求开始算起，到转去执行中断服务程序之前的这段时间，一个中断周期通常含有若干个机器周期。

（2）**参考答案**：A

试题解析　原码：由"符号位+真值位"构成，正数的符号位为 0，负数的符号位为 1，数值位就是真值。原码表示法直观简单，但问题是其符号位无法直接参与运算。

反码：又称 1 的补码，其符号位和原码相同，真值为正数时，反码和原码相同；真值为负数时，反码数值位等于真值数值位取反。反码仅作为原码与补码进行换算的工具。

补码：当原码的符号位为正时，补码等于原码；当原码的符号位为负时，补码等于原码取反再加 1（符号位不变）。补码的主要用处是，可以使得符号位直接可参与运算。

0 可以看作是最小的正数，也可以看作是最大的负数。所以当 0 用原码表示时就有两种表示法：00000000 或者 10000000（灰底表示符号位）。

当将 0 的两种原码变为反码时，根据反码定义：+0 反码依然为 0000000，而-0 的反码为 11111111，可见，0 的反码表示也是两种。

当将 0 的两种原码采用补码表示时，+0 的补码依然为 00000000；而-0 的补码为符号位不变，真数位取反（即 11111111）后再加 1，即 00000000。可见，补码的 0 只有一种形式。

（3）**参考答案**：B

试题解析　容量 128KB 的 SRAM 存储器，按字长 32 位编址，32bit=4Byte，总共有 128KB/4B=32K=2^{15} 个地址，由于地址是从 0000H 开始，因此最后一个地址为 $2^{15}-1$，即 1000000000000000-1=0111111111111111=7fffH。

（4）**参考答案**：C

试题解析　1s=10^9ns，存储周期为 250ns，因此每秒包含 10^9/250 个存储周期。每个周期内读出 16 位即 2B（字节），因此每秒可读出（10^9/250）*2 即 $8*10^6$ 个字节，因此其数据传输率为 $8*10^6$B/s。

（5）**参考答案**：B

试题解析　一个总线周期占用 2 个时钟周期，等同于总线频率比时钟频率慢一倍，而总线时钟频率为 10MHz，因此可以说总线频率为 5MHz，而每个总线周期传输 4 字节，因此每秒内总线可传输 5M*4B=20MB。即总线带宽为 20MB/s。

（6）**参考答案**：C

试题解析　OSI 七层参考模型由低到高分别为物理层、数据链路层、网络层、传输层、会话层、表示层、应用层。其中，每一层为其上层服务。因此，为会话层提供服务的是其下一层，即传输层。

（7）**参考答案**：C

试题解析　中继器和集线器都属于物理层设备，网桥（可以看成是只有两个端口的局域网交换机）和局域网交换机属于数据链路层设备。注意，只有局域网交换机工作在数据链路层，即通常所说的二层交换机。三层交换机同时工作在二层（交换功能工作在数据链路层）及三层（路由功能工作在网络层）。

（8）**参考答案**：B

试题解析　由于网络的 IP 地址为 192.168.5.0/24，因此前 24 位为网络号，后 8 位为主机号。子网掩码为 255.255.255.248，第 4 个字节 248 转换成二进制为 11111000，也就是说，它在后 8 位的主机位中，又分出了 5 位（掩码为 1 的位）作为网络位，因此子网数为 2^5=32 个。最后 3 位表示主机号，可分配地址需除去全 0（用于表示该子网的网络地址）和全 1（用于该子网的广播地址）的情况，即 2^3-2=6。

（9）**参考答案**：D

试题解析　如果一个协议使用确认机制对传输的数据进行确认，那么可以认为它是一个可靠的协议；如果一个协议采用"尽力而为"的传输方式，那么是不可靠的。例如，TCP 对传输的报文段提供确认，因此是可靠的传输协议，而 UDP 不提供确认，因此是不可靠的传输协议。

（10）**参考答案**：A

试题解析　SMTP 和 POP3 都是用于邮件传输的协议，邮件传输必须是可靠的，因此都基于 TCP 的协议。

（11）**参考答案**：B

试题解析　CA 证书是认证机构（Certificate Authoriy, CA）所颁发的数字证书，是网络实体的身份证明（如某网站的数字证书是其身份的证明）。CA 证书中包括证书拥有者的身份信息（证书是给谁的），CA 机构的签名（是谁给颁发的），证书拥有者的公钥（公开的，信息接收者可以认为只要是能用此公钥解密的内容一定是证书持有者发布的，即可确认内容是谁发布的）和证书拥有者的私钥(私钥用于信息持有者对信息进行加密，能用自己的公钥解密的内容都是证书持有者发的，持人者无法抵赖)。可见，CA 用于加密和解密的密钥并不相同，因此是非对称的。

（12）**参考答案**：A

试题解析　《中华人民共和国著作权法》第四十二条规定，发明专利权的期限为二十年，实用新型专利权的期限为十年，外观设计专利权的期限为十五年，均自申请日起计算。

（13）**参考答案**：B

试题解析　依据《计算机软件保护条例》第十四条，软件著作权自软件开发完成之日起产生。

（14）**参考答案**：C

💡 **试题解析** 商标专用权应当授予符合法定条件的申请人。

（15）**参考答案**：B

💡 **试题解析** 结构化分析方法通过数据流图、数据字典和加工说明等描述工具，即通过直观的图和简洁的语言来描述软件系统模型。

（16）**参考答案**：D

💡 **试题解析** 数据流图用来描述系统必须完成的功能，结构化方法使用数据流图描述系统的功能。

（17）**参考答案**：D

💡 **试题解析** 在面向对象方法中，任何对象都是由相应的类实例化而来，因此类是面向对象的基本模块。事实上，程序中并不存在对象模块。

（18）**参考答案**：D

💡 **试题解析** 中间代码是一种位于源代码和目标代码之间的代码形式。源代码是为了方便人的编码，是面向人的。目标代码是机器可直接执行的代码，是面向机器的。因此，源代码与目标代码之间往往存在着较大的差异，中间代码就是源代码与目标代码之间的一座桥梁。

中间代码常用的形式有逆波兰式、三元式、四元式等。

逆波兰表示又称后缀表示法，其基本特征是"操作符位于操作数后面"，它是一种中间代码的表示形式，早在编译程序出现之前它就用于表示算术表达式。

四元式也是一种中间代码形式，其形式为：（OP，ARG1，ARG2，RESULT）。其中 OP 表示运算符，ARG1 为第一运算对象，ARG2 为第二运算对象，RESULT 为运算结果。

三元式表示与四元式类似，所不同的是，三元式中没有表示运算结果的部分。

语法树虽然也属于一种中间形式，但它不是中间代码。语法树主要用于表示和分析源代码的语法结构，而中间代码则更侧重于为后续的目标代码生成提供优化和映射的基础。

（19）**参考答案**：D

💡 **试题解析** 状态转换图中，双圈表示终态。因此本题的始态与终态是重合的。状态 X 接受 0 转换为状态 Y，状态 Y 接受 1 还是回到状态 Y，状态 Y 接受 0 转换为状态 X 并结束。可见，可接受的字符串一定是以 0 开始且一定是以 0 为结尾，中间可以有 0 个或多个 1。

（20）**参考答案**：C

💡 **试题解析** 编译器对高级语言源程序的处理过程可以划分为词法分析、语法分析、语义分析、中间代码生成、代码优化、目标代码生成等几个阶段。中间代码生成依据的是语义规则。

（21）（22）（23）**参考答案**：B D C

💡 **试题解析** 首先把 5 个信号量节点次序填入前趋图中，如下图所示。

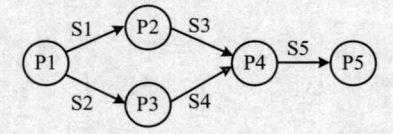

```
         S1    P2   S3
       ↗          ↘
     P1              P4  S5  P5
       ↘          ↗
         S2    P3   S4
```

根据上图，每一个信号量是由哪一个进程释放（引出）、之后又被哪一个进程所消耗（引入），就一清二楚了。

86

a 位于 P1 进程执行完毕后的位置，根据上图可知，P1 应释放 S1 和 S2，因此 a 应填 V(S1)，V(S2)。

b 位于 P2 进程的开始，根据上图可知，P2 开始需消耗信号量 S1，因此 b 应填 P(S1)。

c 位于 P2 进程的结束，根据上图可知，P2 结束应释放信号量 S3，因此 c 应填 V(S3)。

同理，可知其余空白处的答案。

（24）参考答案：C

试题解析　死锁是指多个进程因竞争系统资源或互相通信而处于永久阻塞态，若无外力作用，这些进程都将无法推进。

（25）参考答案：C

试题解析　虚拟存储管理系统的基础是程序的局部性原理。这一原理体现在两个方面：时间局部性和空间局部性。时间局部性指的是一条指令被执行后，这条指令可能很快会再次被执行；而空间局部性则是指如果某一存储单元被访问，那么与该存储单元相邻的单元可能也会很快被访问。虚拟存储技术正是基于这种局部性原理，通过将内存与外存有机地结合起来使用，从而形成一个容量很大的"内存"，即虚拟存储。

（26）（27）参考答案：C　B

试题解析　一个盘块对应位示图中的一个位（bit），盘块和块内字节皆从 0 开始编号，因此 409612 号盘块对应的是位示图中的第 409612 位。

盘块号=起始块号+[位号/（1024*8）]= 32+[409612/（1024*8）]=82 余 12（即位号）。

位号为 12，因此是第 1 个字节（字节从 0 开始编号）的第 3 位（假设位号也是从 0 开始）。

本题第二空问的是字节序号，因此为 1。

（28）（29）参考答案：C　B

试题解析　单缓冲区：(10+5)×10+2=152；双缓冲区：10×10+5+2=107。

（30）参考答案：A

试题解析　巧合内聚指一个模块内的各个处理元素之间没有任何联系，只是巧合才导致它们被放在了一起；逻辑内聚指模块内执行几个逻辑上相似的功能，通过参数确定该模块完成哪一个功能；时间内聚指需要同时执行的动作组合在一起形成的模块；通信内聚指模块内所有处理元素都在同一个数据结构上操作，或者指各处理使用相同的输入数据或者产生相同的输出数据；顺序内聚指一个模块中各个处理元素都密切相关于同一功能且必须顺序执行，前一个功能元素的输出就是下一个功能元素的输入；功能内聚是最强的内聚，它指模块内所有元素共同完成一个功能，缺一不可。

（31）参考答案：B

试题解析　结构图的扇出数是指直接控制下层模块的数目，扇入数是指多少个上级模块调用它。扇入数、扇出数是特定于结构图的形象称呼，如果一个上层模块控制多个下层模块，其中间的连线形成一个扇形，称为扇出数；如果一个模块被其上层的多个模块调用，其中的连线也形成一个扇形，称为扇入数。

（32）参考答案：C

试题解析　常见的软件开发模型有瀑布模型、原型模型、螺旋模型、V 模型、喷泉模型等。

螺旋模型综合了瀑布模型和原型模型中的演化模型的优点，还增加了风险分析，特别适用于庞大而复杂的、高风险的管理信息系统的开发。

（33）**参考答案**：C

试题解析 四个选项中的方法都属于敏捷开发方法。

极限编程 XP：近似螺旋的开发方法，把整个开发过程分解为相对比较小而简单的周期，通过大家积极的沟通反馈，开发人员和客户都比较清楚当前的开发进度、需要解决的问题等，根据这些实际情况去调整开发过程，这是极限编程的思想。

并列争球法：就是我们通常所说的 Scrum。这是一个增量、迭代的开发过程。在这个框架中，整个开发过程由若干个短的迭代周期组成，一个短的迭代周期称为一个 Sprint，每个 Sprint 的建议长度是 2～4 周。在 Scrum 中，使用产品 Backlog 来管理产品的需求，产品团队总是先开发对客户具有较高价值的需求。挑选的需求在 Sprint 计划会议上经过讨论、分析和估算得到相应的任务列表称为 Sprint backlog。在每个迭代结束时，Scrum 团队将递交潜在的可交付的产品增量。

水晶法：水晶方法体系与 XP 一样，都有以人为中心的理念，但在实践上有所不同。水晶方法体系考虑到人们一般很难严格遵循一个纪律约束很强的过程，认为每一种不同的项目都需要一套不同的策略、约定和方法论。因此，与 XP 的高度纪律性不同，水晶方法体系探索了用最少纪律约束而仍能成功的方法，从而在产出效率与易于运作上达到一种平衡。也就是说，虽然水晶系列不如 XP 那样的产出效率，但会有更多的人能够接受并遵循它。

自适应软件开发：该方法的核心是三个非线性的、重迭的开发阶段：猜测，合作与学习。

（34）**参考答案**：A

试题解析 结构化测试中有语句覆盖、判定覆盖（也称"分支覆盖"）、条件覆盖、路径覆盖等，其中语句覆盖是发现错误能力最弱的。需注意条件覆盖（Condition Coverage）与判定覆盖（Decision Coverage）的区别，一个 Decision 是一个表达式的结果，而一个表达式可能包含多个 Condition，因此条件覆盖的覆盖程度更高。一般认为，路径覆盖的覆盖性最强。

（35）（36）**参考答案**：A D

试题解析 语句覆盖要求被测程序中的每一条语句至少执行一次，这种覆盖对程序执行逻辑的覆盖很低。本题中，使用用例(x=0,y=3)可执行语句 A，使用用例(x=1,y=2)可执行语句 B。因此①②这两个用例可完成语句覆盖。

条件覆盖要求每一判定语句中每个逻辑条件的各种可能的值至少满足一次。判定/条件覆盖要求判定中每个条件的所有可能取值（真/假）至少出现一次，并使得每个判定本身的判定结果（真/假）也至少出现一次。路径覆盖则要求覆盖被测程序中所有可能的路径。

通过测试用例①(x=0,y=3)，能执行到语句 A，同时覆盖左侧路径；通过测试用例②(x=1,y=2)，能执行到语句 B，同时覆盖右侧路径；通过测试用例③(x=-1,y=2)或④(x=3,y=1)，覆盖中间路径。

（37）**参考答案**：C

试题解析 对于两个相对独立的类，当一个类的实例（即对象）与另一个类的一些特定实例存在固定的对应关系时，这两个类之间为关联关系，比如，学生类与课程类等。关联体现的是两个类，或者类与接口之间语义级别的一种强依赖关系，这种关系一般是长期性的，而且双方的关系一般是平等的。关联可以是单向、双向的。

泛化表示类与类之间的继承关系，接口与接口之间的继承关系，或类对接口的实现关系。一般泛化关系是从子类指向父类的。

聚合是关联关系的一种特例，体现的是整体与部分、拥有的关系，即 has-a 的关系，此时整体与部分之间是可分离的，它们可以具有各自的生命周期，部分可以属于多个整体对象，也可以为多个整体对象共享。聚合关系的典型例子有班级类与学生类的关系等。

组合也是关联关系的一种特例，体现的是一种 con-tains-a 的关系，这种关系比聚合更强，也称为强聚合；它同样体现整体与部分间的关系，但此时整体与部分是不可分的，整体的生命周期结束也就意味着部分的生命周期结束。组合关系的典型例子有汽车类与轮子类的关系等。

（38）（39）参考答案：D A

试题解析 对象间通过接口传递消息，实现通信。

只有部分面向对象的程序设计语言如 C++支持指针，而 Java 中就没有指针的概念。

（40）（41）（42）参考答案：C B A

试题解析 代理模式适用于需要控制对某个对象的访问，或者在某些情况下一个对象不适合或不能直接引用另一个对象的场景。代理模式通过创建一个代理对象来控制对目标对象的访问，这个代理对象可以在客户端和目标对象之间起到中介的作用。

生成器/建造者（Builder）模式将一个复杂的对象的构建与它的表示分离，使得同样的构建过程可以创建不同的表示。

组合（Composite）模式将对象组合成树形结构以表示"部分-整体"的层次结构，它使得客户对单个对象和复合对象的使用具有一致性。

观察者（Observer）模式定义了对象间的一种一对多依赖关系，使得每当一个对象改变状态时，所有依赖于它的对象都会得到通知并被自动更新。发生改变的对象称为观察目标，被通知的对象称为观察者。一个观察目标可以对应多个观察者。

从本题给出的图中可看出，类 Leaf 表示叶子节点（部分节点），类 Composite 表示组合节点（整体节点），它们同时继承于父类 Component，同时实现了相同的操作（即 Operation 方法），这使得客户对单个对象（Leaf 类对象）和复合对象（Composite 类对象）的使用具有一致性，因此（40）选择 C。组合模式将对象组合成树形结构以表示"部分-整体"的层次结构关系，故（41）选择 B，（42）选择 A。

（43）（44）（45）参考答案：C D B

试题解析 类是一组具有相同属性和相同操作的对象的集合，类中的每个对象都是这个类的一个实例。

类之间共享属性与服务的机制称为继承。一个对象通过发送消息来请求另一个对象为其服务。

（46）参考答案：C

试题解析 本题考查程序语言翻译的基础知识。有限自动机可识别一个字符串的含义是，从有限自动机的初态出发，存在一条到达终态的路径，其上的标记可构成该字符串。若从初态到终态不存在能构成指定字符串的路径，则称该字符串不能被该自动机识别。对于选项 A，"状态 0"接受字符 b 可跳转到"状态 2"，但"状态 2"无法接受字符 b，因此此状态机不能识别 bbb；对于选项 C，其识别路径为"状态 0→状态 2→状态 1"，因此可识别 baa。

（47）**参考答案**：A

✎**试题解析**　保护数据库，防止未经授权或不合法的使用造成的数据泄露、非法更改或破坏，这是指数据的安全性。

（48）**参考答案**：B

✎**试题解析**　根据题意描述可知，教师和课程两个实体之间的联系是 m:n 或 n:m，即多对多关系。

（49）**参考答案**：D

✎**试题解析**　事务 T1 更新了某一数据，并将修改后的值写入磁盘，事务 T2 读取了更新后的数据，其后事务 T1 由于某种原因被撤销，事务 T1 已更新过的数据恢复原值，这样事务 T2 读到的数据就与数据库中的数据不一致，这种数据称为"脏数据"。可见，脏数据是未提交随后又被撤销的数据。

（50）**参考答案**：C

✎**试题解析**　"列车运营"实体中，唯有"车次+日期"这一最小属性组合可唯一确定本关系模式中的其他属性，因此主码是"车次+日期"。

（51）（52）**参考答案**：A　C

✎**试题解析**　本题考查分布式数据库基本概念。分片透明是指用户或应用程序不需要知道逻辑上访问的表具体是怎么分块存储的；复制透明是指采用复制技术的分布方法，用户不需要知道数据是复制到哪些节点，如何复制的；位置透明是指用户无须知道数据存放的物理位置；逻辑透明即局部数据模型透明，指用户或应用程序无须知道局部使用的是哪种数据模型。

（53）**参考答案**：C

✎**试题解析**　3 个不同元素，第 1 个元素进栈有 3 种选择，第 2 个元素进栈有 2 种选择，第 3 个元素进栈有 1 种选择，因此总共有 3*2*1=6 种进栈顺序，因此对应的有 6 种出栈顺序。

（54）**参考答案**：D

✎**试题解析**　Push(a)，Push(b)，Pop(b)，Push(c)，Pop(c)，Push(d)，Push(e)，Pop(e)。可见，三个 Pop 操作弹出的依次为 b、c、e。

（55）**参考答案**：D

✎**试题解析**　二维数组各元素对应的地址（按照行优先存储）的计算公式为

$$LOC(i,j)=LOC(0,0)+(i*m+j)*L$$

其中，LOC(0,0)是数组存放的首地址，本题中，LOC(0,0)=SA；L 是每个数组元素的长度，本题中 L=3；m 是数组的列数，本题中 m=9-0+1=10，因此 LOC(8,5)=SA+(8*10+5)*3=SA+255。

二维数组各元素对应的地址（按照列优先存储）的计算公式为

$$LOC(i,j)=LOC(0,0)+(i+j*m)*L$$

其中，LOC(0,0)是数组存放的首地址，本题中，LOC(0,0)=SA；L 是每个数组元素的长度，本题中 L=3；m 是数组的行数，本题中 m=8-0+1=9，因此 LOC(8,5)=SA+(8+5*9)*3=SA+159，而本题中并无此选项，因此选 D。

（56）**参考答案**：A

✎**试题解析**　先序遍历也称先根遍历，其遍历的顺序为"根（中）-左-右"；中序遍历也称中根遍历，其遍历顺序为"左-根（中）-右"；后序遍历也称后根遍历，其遍历顺序为"左-右-根（中）"。

对于本题：①ABCDEF 为先序遍历的结果，可知 A 必为根节点；②CBAEDF 为中序遍历结果，因此结合 A 为根节点，可知 CB 为左子树，EDF 为右子树；③CB 为左子树但 CB 先序遍历的结果为 BC，因此可知 B 为 A 的左孩子；④以此类推，可最终推导出 ABCDEF 对应的二叉树结构如下图所示。

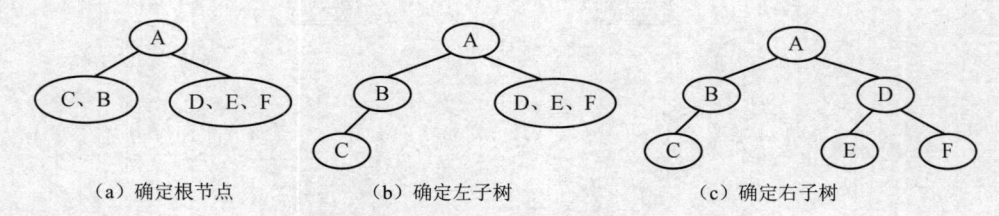

```
        A                    A                    A
       / \                  / \                  / \
    C、B  D、E、F           B   D、E、F           B   D
                          /                    /   / \
                         C                    C   E   F

  （a）确定根节点        （b）确定左子树        （c）确定右子树
```

根据以上二叉树，易得其后序遍历的结果为 CDEFDA。

（57）**参考答案**：B

试题解析　根据哈夫曼树构造过程可知，哈夫曼树中只有度为 0（叶子）和度为 2（非叶子）的节点。因此，在非空二叉树中，n0=n2+1。又知 n=n0+n2=215，两式联立可解得 n0=108。

哈夫曼树中，每一个叶子对应一个码字，因此 108 个叶子对应 108 种码字。

（58）**参考答案**：C

试题解析　本题中哈夫曼树的构造过程为：①选出最小的两个，即 3、5 构造为一棵子树，其根权值为 8；②8、6、9、12 中再选出两个最小的即 6 和 8，构成一棵子树，其根权值为 14；③再在 14、9、12 中选出两个最小的，即 9、12 构造为一棵子树，最后两棵子树共同构造为一棵哈夫曼树，因此选 C。

（59）**参考答案**：C

试题解析　邻接矩阵表示唯一是因为图中边的信息在矩阵中有确定的位置，邻接表不唯一是因为邻接表的建立取决于建立边的链接时的顺序不唯一。

（60）**参考答案**：D

试题解析　n 个顶点的无向图，其邻接矩阵的大小为 n^2，非零元素个数为 2e，所以零元素的个数是 n^2-2e。

（61）**参考答案**：D

试题解析　根据广度遍历算法，如果以 a 作为起始节点，则其后序的三个节点必须是 {b,h,e}，选项 D 中 a 的后续三个节点为 {b,c,d}，这显然符合广度优先遍历的结果。

（62）**参考答案**：B

试题解析　开始时 low 指向 13，high 指向 134，mid 指向 50，第一次比较 90>50，所以将 low 指向 62，high 指向 134，mid 指向 90，第二次比较找到 90。

（63）**参考答案**：A

试题解析　根据线性探测法的公式，H(49)=49%11=5：①第一次探查，发现表中第 5 个位置已经有元素 38，因此发生冲突；②从第 5 个位置依次向后探查，发现第 6、7 个位置皆已经有元素；③从第 7 个位置继续向后探查，发现第 8 个位置为空，因此把关键字 49 保存在第 8 个位置。

(64) 参考答案：C

试题解析 构造小（大）顶（根）堆的过程：①以第一个元素为要节点，依据元素顺序画出对应的二叉树；②由下至上、由右至左，把每个子树调整为小（大）顶堆；③第一遍调整出来的小（大）顶堆，称为初始小（大）顶堆，下图过程所构造出来的即为初始小顶堆。

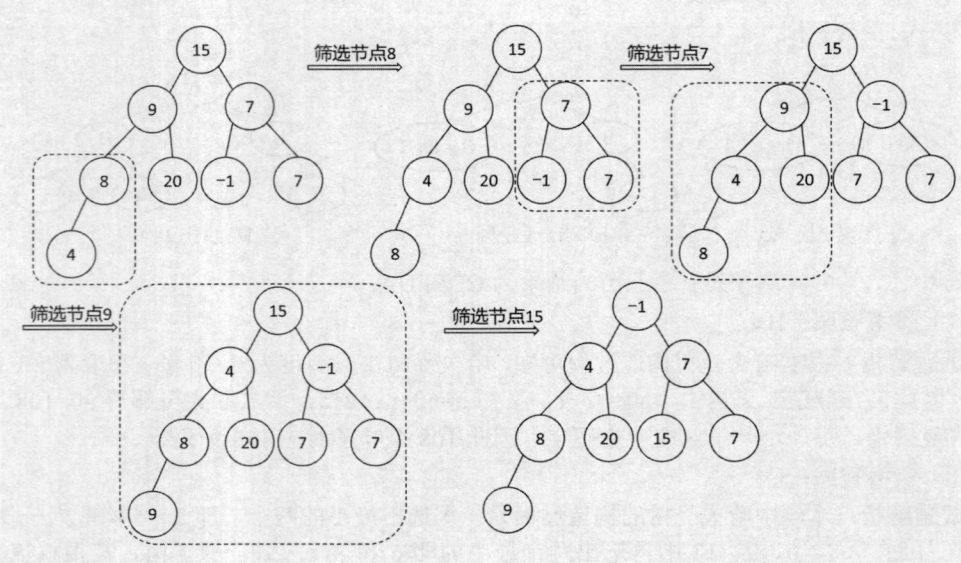

观察以上初始小顶堆，可见其并非是一个完全的小顶堆，该堆只保证了根节点符合小顶堆的概念。但对于推排序来说到这里就够了，其下一步是把根节点与最后一个叶子节点交换位置，即最后一个叶子节点（也就是序列的最后一个元素）变成了最小（大）值。然后对最后一个元素之前的所有元素重复上述步骤，就可完成排序。

由上图可知，其初始小顶堆的序列为：-1，4，7，8，20，15，7，9。

(65) 参考答案：C

试题解析 DNS（Domain Name System）即域名解析系统，负责把要访问的域名解析为其对应的 IP 地址。DNS 使用传输层的 UDP 协议（面向无连接的传输层协议）而非 TCP（面向连接的传输层协议）协议，因此域名解析不需要客户机与 DNS 服务器之间建立连接（如果域名解析的过程都需要先在客户机与 DNS 之间建立连接，那网络延迟就太大了）。

(66) 参考答案：D

试题解析 点到点连接是指相邻节点之间的直接连接，而端到端连接则是指不相邻节点之间通过中间节点而形成的连接。端到端通信建立在点到点通信的基础上，是比点到点通信更高一级的通信方式，用于完成应用程序（进程）之间的通信。

TCP/IP 模型中，数据链路及以下层负责点到点连接，网络层负责主机到主机的连接，传输层负责进程到进程的连接（端到端）。

(67) 参考答案：D

试题解析 IPv6 的地址用 16B 即 128bit 表示，IPv4 地址长度为 4B 即 32bit 表示。

（68）参考答案：C

🚀试题解析　DHCP（Dynamic Host Configuration Protocol）即动态主机配置协议，使用 DHCP 可自动为主机分配一个 IP 地址，而无需手动为主机配置 IP 地址。

（69）（70）参考答案：D　B

🚀试题解析　FTP 协议占用两个标准的端口号：20 和 21，其中 20 为数据端口，21 为控制端口。

（71）（72）（73）（74）（75）参考答案：A　D　C　A　A

🚀试题解析　为什么要有正式的文档？

首先，将决策写下来是关键的。只有写出后差距才能出现，(71) 才能突出。写的过程会变成数以百计的微决策，并从模糊的政策中区分出清楚、准确的政策。

其次，文档将会与其他人交流决策。管理者将会不断感到惊奇的是对于他采取的一般知识的政策有些团队成员竟全然不知。既然他的基本工作是使每个人在 (72) 方向上前进，他的主要工作就是交流，而不是制定决策，他的文档能很好的 (73) 这个负担。

最后，管理者的文档给他提供了一个数据库和检查表。通过 (74) 回顾，他能知道自己所处的位置，并看到重点或方向发生了什么改变。

经理的任务是制订计划然后实现它，但只有书面计划是精确和便于沟通的。计划中包括了描述"是什么、什么时候、多少、哪里、谁"的文档。少量的关键文档 (75) 一些项目经理多数工作。如果一开始就认识到它们的普遍及关键意义，那么经理就可以走近它们，把它们当成友好的工具而不是烦人的业务工作，将可以更迅速地设定自己的方向。

（71）A. 不一致　　　　B. 一致　　　　C. 稳定性　　　　D. 适应性
（72）A. 其他的　　　　B. 不同的　　　C. 另一个　　　　D. 相同的
（73）A. 扩展　　　　　B. 拓宽　　　　C. 减轻　　　　　D. 释放
（74）A. 定期的　　　　B. 偶然的　　　C. 不经常的　　　D. 罕见的
（75）A. 决定　　　　　B. 封装　　　　C. 实现　　　　　D. 识别

软件设计师 机考试卷第 3 套
应用技术卷参考答案/试题解析

试题一 参考答案/试题解析

【问题 1】参考答案

E1：客户　　E2：财务部门　　E3：仓库

试题解析

数据流图（Data Flow Diagram，DFD）从数据传递和加工角度，以图形方式来表达系统的逻辑功能、数据在系统内部的逻辑流向和逻辑变换过程，是结构化系统分析方法的主要表达工具。DFD 中，一般可用圆角矩形表示数据加工（功能），用矩形表示实体，箭线表示数据流向及数据的起点、终点。箭线的名称是对流动数据的关键描述。

顶层设计流图把系统看成一个"数据总加工厂"，表达系统与外部环境中相关实体的数据交互。其核心是整个系统，需要与系统交换信息的外部对象即为外部实体。根据说明中给出的术语可知，需与系统进行交互的外部实体主要包括：客户，财务部门，仓库。根据图中数据流的相关信息，可确定各个实体的位置。

【问题 2】参考答案

D1：客户文件　　D2：商品文件　　D3：订单文件

试题解析

0 层数据流图是对顶层数据流图的第一级细化。其中出现了以 D 命名的实体，此类实体为数据存储，可理解为"某种数据表"或"某种数据文件"，本题中根据描述可知是"数据文件"。数据存储一般由右侧开口的矩形表示，这是由数据流图的表示规范约定的，但很多人不知道或忽略了这个约定，经常出现用普通矩形代替右侧开口矩形的情况，这两种符号的混淆增加了读图难度。

【问题 3】参考答案

P1：产生配货单

P2：准备发货单

数据流名称	起点	终点
订单记录	D3（或订单文件）	P1（或产生配货单）
配货单	P1（或产生配货单）	E3（或仓库）
订单记录	D3（或订单文件）	P2（或准备发货单）
客户记录	D1（或客户文件）	P2（或准备发货单）
发货单	P2（或准备发货单）	发货

试题解析

与顶层数据流图一样,处理或加工在 0 层数据流图中也是用圆角矩形表示。顶层数据流图中的加工代表整个系统或系统的总功能,而 0 层数据流图中的处理或加工,可以理解为子系统或子功能。

关于处理或加工还应注意的一个较容易在选题中考察的知识点:每个加工,至少要有一个输入数据流和一个输出数据流。其实也容易理解:如果没有输入,加工什么?如果没有输出,要加工干什么?

了解了加工的"子系统"或"子功能"的本质,本题就非常简单了:说明中的功能名称就是 0 层数据流图中各个加工的名称。

【问题 4】参考答案

数据流名称:客户记录
起点:D1 或客户文件
终点:创建客户账单

试题二 参考答案/试题解析

【问题 1】参考答案

(1) *   (2) 1   (3) *   (4) *

试题解析

关系型数据库里的关系为分 1:1(1 对 1),1:*(1 对多),*:*(多对多)三种。比如,对于"车辆"与"委托书",一辆车可能会经常去同一家店维修,每次维修都会生成一张"委托单",因此,"车辆"与"委托书"是 1:*的关系。

【问题 2】参考答案

联系 1:"车辆"与"客户"的"*:1"关系。
联系 2:"委托书"与"业务员"的"*:1"关系。
补充完整的实体联系图如下图所示。

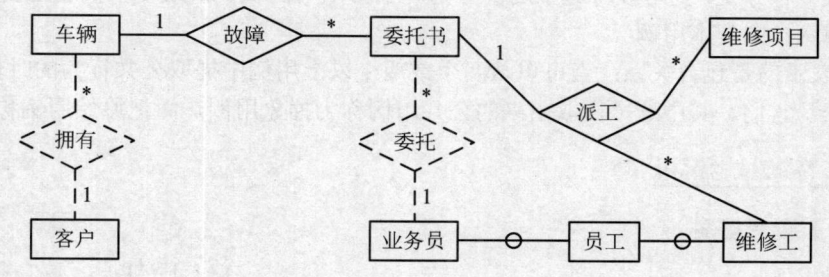

试题解析

解答本题的基本依据是:每个加工,至少要有一个输入数据流和一个输出数据流;而对于任何一个"实体"来说,都应是某个加工的输入或输出,也就是说,任何实体一定要与某个加工产生关联。对于"客户"和"业务员"这两个实体来说,没有与之相联系的加工,则需要补充的联系肯定就与这两个实体有关。

【问题3】参考答案

（5）客户编号，客户名称，客户性质

（6）委托书编号，车牌号，业务员编号

（7）委托书编号，维修工编号，维修项目编号

（8）员工编号，员工姓名

【问题4】参考答案

客户：客户编号

委托书：委托书编号

派工单：委托书编号，维修项目编号，维修工编号

试题三 参考答案/试题解析

【问题1】参考答案

U1：按字典排序　　U2：按邮政编码排序　　U3：创建地址簿　　U4：修改地址簿

U5：打开地址簿　　U6：保存（注：U1 与 U2 可互换。）

试题解析

用例可以理解为一个小的"功能"或"操作"，其名称一般包含一个核心动词。U1、U2 是"排序"的子用例，根据说明中的功能描述可确定。U3、U4、U5 是一级用例，对应管理员修改操作相关的三个功能。U6 是从 U3 和 U4 操作中提取出来的共性操作，而其共性操作是"保存"。

【问题2】参考答案

AddressBook 属性：部门编号、姓名、住址、城市、省份、邮政编码、联系电话。

AddressBook 方法：添加、创建、打开、修改、删除、保存。

PersonAddress 属性：姓名、住址、城市、省份、邮政编码、联系电话。

【问题3】参考答案

extend 表示的是扩展关系：如果一个用例明显地混合了两种或两种以上的不同场景，即根据情况可能会发生多种分支，则可以将这个用例分为一个基本用例和一个或多个扩展用例，关系图示指向为"扩展用例指向基本用例"。

include 表示的是包含关系：当可以从两个或两个以上用例中提取公共行为的时候，应该使用包含关系来表示它们。其中这个提取出来的公共用例称为抽象用例，而把原始用例称为基本用例。

试题四 参考答案/试题解析

【问题1】参考答案

（1）i<n–p　　　　　　　　　　　　　　　　　（2）j=i+p

（3）cost[i][k]+cost[k+1][j]+seq[i]* seq[k+1]* seq[j+1]　　（4）tempTrace=k

【问题2】参考答案

（5）动态规划法　　　　　　　　　　　　　　　（6）$O(n^3)$

【问题3】参考答案

（7）(A1*A2)*((A3*A4)*(A5*A6))　　　　　　　（8）2010

试题解析

关于矩阵相乘，有必要理解以下几个特点：①两个矩阵可以相乘的前提是，前一个矩阵的行数必须等于后一个矩阵的列数，因此才可用(p_{i-1}, p_i)来表示连乘矩阵中第 i 个矩阵的维数；②两个矩阵相乘的计算量可表示为 $P_{i-1}*P_i*P_{i+1}$；③相乘结果的规模，其行数为第一个矩阵的行数即 P_{i-1}，其列数为第二个矩阵的列数即 P_{i+1}，可见，结果矩阵从维数上看，是把前矩阵的列与后矩阵的行给"约掉了"（也即把 P_i 给"约掉了"）；④与普通数值乘法中的结合率不同，矩阵连乘的结合率不能是"跳跃"的结合，只能是连续且顺序地结合，比如 $A*B*C*D$，其计算次序中不可能包含 $A*C$，也不可能包含 $C*A$，因为 A 的列数与 C 的行数可能根本不相等；⑤多个矩阵连乘，不管以什么顺序计算，其最后一步一定是"一系列矩阵连乘的结果，与序列中最后一个未参与计算的矩阵进行相乘"，因此 n 个矩阵连乘，最后一步相乘的分隔方法有 $n-1$ 种。

比如：假设有 4 个矩阵连乘 $A*B*C*D$，如果把其从中间断开，那么有 3 种断法，$A*(B*C*D)$，$(A*B)*(C*D)$，$(A*B*C)*D$。这三种情况中计算代价最小的情况，即为全局最小计算代价。全局最小值为分割中的"前半部分小最值+后半部分最小值+前后两部分相乘的计算代价"。

可见，要求出全局最小代价，首先是依次把矩阵从不同位置断开，然后计算每种断开情况下的两部分各自的最小计算代价，每种分割时的临时最小计算代价都要保存下来，最后再比较所有分割情况，看哪种分割下计算代价最小，这符合动态规划的思想（基本特征有二：一是可递归；二是中间值要保存下来做进一步比较）。

代码的具体解释见代码中的解释信息。

关于代码的时间复杂度，看代码最高是几重循环：最高一重循环时间复杂度为 O(n)，最高二重循环时间复杂度为 $O(n^2)$，本题代码最高三重循环，因此其时间复杂度为 $O(n^3)$。

试题五　参考答案/试题解析

（1）virtual void Insert(Department* department)

（2）virtual Department GetDepartment(int id)

（3）public IDepartment

（4）class IFactory

（5）virtual IDepartment* CreateDepartment()

试题六（15 分）

（1）void Insert(Department department)

（2）Department GetDepartment(int id)

（3）implements IDepartment

（4）interface IFactory

（5）IDepartment CreateDepartment()

软件设计师 机考试卷第4套
基础知识卷

- 计算机指令系统采用多种寻址方式。立即寻址、寄存器寻址、直接寻址、间接寻址，这四种寻址方式获取操作数的速度最快的是__(1)__。
  (1) A. 立即寻址　　　　B. 寄存器寻址　　　C. 直接寻址　　　D. 间接寻址

- 海明码利用奇偶性检错和纠错，通过在 n 个数据位之间插入 k 个检验位，扩大数据编码的码距。若 $n=32$，则 k 应为__(2)__。
  (2) A. 3　　　　　　　B. 4　　　　　　　C. 5　　　　　　　D. 6

- 若不考虑输入/输出设备本身的性能，则影响计算机系统输入/输出数据传输速度的主要因素是__(3)__。
  (3) A. 地址总线宽度　　　　　　　　　B. 数据总线宽度
  　　C. 主存储器的容量　　　　　　　　D. CPU 的字长

- 设机器字长为 64 位，存储器的容量为 512MB，若按字编址，它可寻址的单位个数是__(4)__。
  (4) A. 64MB　　　　　B. 64M　　　　　C. 32M　　　　　D. 32MB

- 假设指令流水线把一条指令分为取指、分析、执行 3 个部分，且 3 个部分的时间分别是 t1=3ns，t2=2ns，t3=1ns，则 100 条指令全部执行完需要__(5)__。
  (5) A. 263ns　　　　　B. 283ns　　　　　C. 293ns　　　　　D. 303ns

- 防火墙的工作层次是决定防火墙效率及安全的主要因素，下面叙述中正确的是__(6)__。
  (6) A. 防火墙工作层次越低，则工作效率越高，同时安全性越高
  　　B. 防火墙工作层次越低，则工作效率越低，同时安全性越低
  　　C. 防火墙工作层次越高，则工作效率越高，同时安全性越低
  　　D. 防火墙工作层次越高，则工作效率越低，同时安全性越高

- 下列协议中不属于 TCP/IP 协议簇的是__(7)__。
  (7) A. ICMP　　　　　B. TCP　　　　　C. FTP　　　　　D. HDLC

- 以下关于包过滤防火墙和代理服务防火墙的叙述，正确的是__(8)__。
  (8) A. 包过滤成本技术实现成本较高，所以安全性能高
  　　B. 包过滤技术对应用和用户是透明的
  　　C. 代理服务技术安全性较高，可以提高网络整体性能
  　　D. 代理服务技术只能配置成用户认证后才建立联接

- RARP 的功能是__(9)__。
  (9) A. 根据 IP 地址查询 MAC 地址　　　B. 根据 MAC 地址查询 IP 地址
  　　C. 根据域名查询 IP 地址　　　　　　D. 根据 IP 地址查询域名

- 震网（Stuxnet）病毒是一种破坏工业基础设施的恶意代码，利用系统漏洞攻击工业控制系统，是一种危害性极大的 ___(10)___ 。

    (10) A．蠕虫病毒　　　　B．引导区病毒　　　C．木马病毒　　　　D．宏病毒

- 用户甲和乙要进行安全通信,通信过程需确认双方身份和消息不可否认,甲和乙通信时可使用 ___(11)___ 来对用户的身份进行认证，使用 ___(12)___ 确保消息不可否认。

    (11) A．消息加密　　　　B．信息摘要　　　　C．数字证书　　　　D．数字签名

    (12) A．消息加密　　　　B．信息摘要　　　　C．数字证书　　　　D．数字签名

- A公司购买了一种工具软件，并使用该工具软件开发了新的名为"华韵"的软件。A公司在销售新软件的同时，向客户提供工具软件的复制品，则该行为 ___(13)___ 。A公司未对"华韵"软件注册商标就开始推向市场，并获得用户的好评。三个月后，B公司也推出名为"华韵"的类似软件，并对之进行了商标注册，则其行为 ___(14)___ 。

    (13) A．不构成侵权　　　　　　　　　　　B．侵犯了著作权

　　　 C．侵犯了专利权　　　　　　　　　　D．属于不正当竞争

    (14) A．不构成侵权　　　　　　　　　　　B．侵犯了著作权

　　　 C．侵犯了专利权　　　　　　　　　　D．属于不正当竞争

- 下面关于数据流图描述正确的是 ___(15)___ 。

    (15) A．数据流图建模应遵循自顶向下、从具体到抽象的原则

　　　 B．数据流图建模应遵循自顶向下、从抽象到具体的原则

　　　 C．数据流图建模应遵循自底向上、从具体到抽象的原则

　　　 D．数据流图建模应遵循自底向上、从抽象到具体的原则

- 某考试系统的部分功能描述如下：审核考生报名表，通过审核的考生登录系统，系统自动为其生成一套试题，考试中心提供标准答案，问卷老师进行问卷调查，提交考生成绩，考生查看自己的成绩。若用数据流图对该系统进行建模，则 ___(16)___ 不是外部实体。

    (16) A．考生　　　　　　B．考试中心　　　　C．问卷老师　　　　D．报名表

- 以下关于软件设计原则的叙述中，正确的是 ___(17)___ 。

    (17) A．系统需要划分多个模块，模块的规模越小越好

　　　 B．不考虑信息隐蔽，模块内部的数据可以让其他模块直接访问

　　　 C．尽可能低内聚和高耦合

　　　 D．采用过程抽象和数据抽象设计

- 将高级语言源程序翻译成机器语言程序的过程，常引入中间代码。以下关于中间代码的叙述中，不正确的是 ___(18)___ 。

    (18) A．中间代码不依赖于具体的机器

　　　 B．使用中间代码可提高编译程序的可移植性

　　　 C．中间代码可以用树或图表示

　　　 D．中间代码可以用栈和队列表示

- 算术表达式 "(a-b)*(c+d)" 的后缀式是 ___(19)___ 。

    (19) A．ab-cd+*　　　　B．abcd-*+　　　　C．ab-*cd+　　　　D．ab-c+d*

- 下图为一个有限自动机（其中，A是初态、C是终态），该自动机可识别__(20)__。

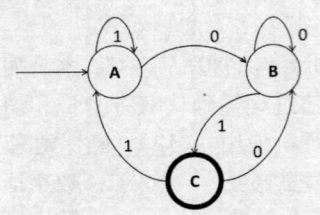

(20) A. 0000　　　　B. 1111　　　　C. 0101　　　　D. 1010

- 假设某计算机系统中进程的三态模型如下图所示，那么图中的a、b、c、d处应分别填写__(21)__。

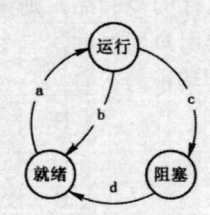

(21) A. 作业调度、时间片到、等待某事件、等待某事件发生了
　　 B. 进程调度、时间片到、等待某事件、等待某事件发生了
　　 C. 作业调度、等待某事件、等待某事件发生了、时间片到
　　 D. 进程调度、等待某事件、等待某事件发生了、时间片到

- 假设系统采用 PV 操作实现进程同步与互斥，若 n 个进程共享两台打印机，那么信号量 S 的取值范围为__(22)__。

(22) A. $-2 \sim n$　　B. $-(n-1) \sim 1$　　C. $-(n-1) \sim 2$　　D. $-(n-2) \sim 2$

- 代码生成阶段的主要任务是__(23)__。

(23) A. 把高级语言翻译成汇编语言　　　　B. 把高级语言翻译成机器语言
　　 C. 把中间代码变换成依赖具体机器的目标代码　　D. 把汇编语言翻译成机器语言

- 假设段页式存储管理系统中的地址结构如下图所示，则系统__(24)__。

31　　　　22 21　　　　12 11　　　　0
段号　　　　页号　　　　页内地址

(24) A. 最多可有 2048 个段，每个段的大小均为 2048 个页，页的大小为 2K
　　 B. 最多可有 2048 个段，每个段最大允许有 2048 个页，页的大小为 2K
　　 C. 最多可有 1024 个段，每个段的大小均为 1024 个页，页的大小为 4K
　　 D. 最多可有 1024 个段，每个段最大允许有 1024 个页，页的大小为 4K

- 关于虚拟存储器，以下说法正确的是__(25)__。

(25) A. 可提高计算机运算速度的设备
　　 B. 容量扩大了的主存实际空间
　　 C. 通过 SPOOLING 技术实现的
　　 D. 可以容纳超过主存容量的多个作业同时运行在一个地址空间

- 内部总线又称为片内总线，它是指 __(26)__ 。
  - (26) A．CPU 内部连接各寄存器及运算部件之间的总线
    - B．CPU 和计算机系统的其他高速功能部件之间互相连接的总线
    - C．多个计算机系统之间互相连接的总线
    - D．计算机系统和其他系统之间互相连接的总线
- 总线按照连接部件不同可以分为 __(27)__ 。
  - (27) A．片内总线、系统总线、通信总线　　B．数据总线、地址总线、控制总线
    - C．主存总线、I/O 总线、DMA 总线　　D．ISA 总线、VESA 总线、PCI 总线
- 某数值编码为 FFH，若它所表示的真值为-127，则它是用 __(28)__ 表示的；若它所表示的真值为-1，则它是用 __(29)__ 表示的。
  - (28) A．原码　　　　B．反码　　　　C．补码　　　　D．移码
  - (29) A．原码　　　　B．反码　　　　C．补码　　　　D．移码
- 结构化分析方法的基本思想是 __(30)__ 。
  - (30) A．自底向上逐步抽象　　　　B．自底向上逐步分解
    - C．自顶向下逐步抽象　　　　D．自顶向下逐步分解
- 下列哪项不属于三种基本的程序控制结构 __(31)__ 。
  - (31) A．顺序　　　　B．选择　　　　C．调用　　　　D．循环
- 需求分析阶段最重要的技术文档是 __(32)__ 。
  - (32) A．设计说明书　　B．需求规格说明书　　C．可行性分析报告　　D．用户手册
- 模块间的耦合度越低，说明模块之间的关系越 __(33)__ 。
  - (33) A．松散　　　　B．紧密　　　　C．无法判断　　　　D．相等
- 下图所示的程序流程图中有 __(34)__ 条不同的简单路径，采用 McCabe 度量法计算该程序图的环路复杂性为 __(35)__ 。

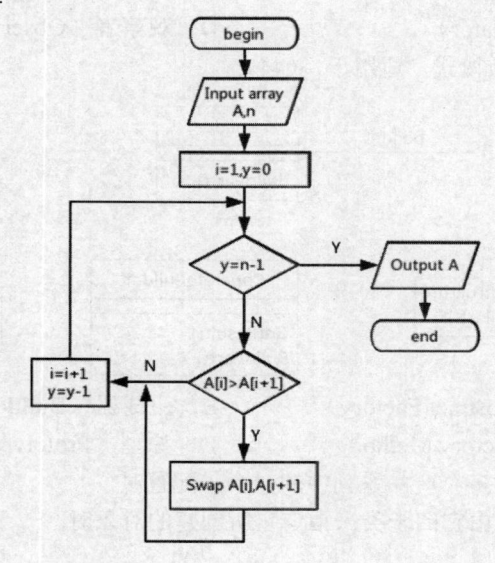

(34) A. 3　　　　　　B. 4　　　　　　C. 5　　　　　　D. 6
(35) A. 3　　　　　　B. 4　　　　　　C. 5　　　　　　D. 6

- __(36)__ 是指把对象的属性和操作结合在一起，构成一个独立的对象，其内部信息对外界是隐蔽的，外界只能通过有限的接口与对象发生联系。

  (36) A. 多态性　　　B. 继承　　　C. 封装　　　D. 消息

- 随着软硬件环境变化而修改软件的过程是 __(37)__ 。

  (37) A. 更正性维护　　　　　　　B. 适应性维护
  　　　C. 完善性维护　　　　　　　D. 预防性维护

- 类 __(38)__ 之间存在着一般和特殊的关系。

  (38) A. 汽车与轮船　　　　　　　B. 交通工具与飞机
  　　　C. 轮船与飞机　　　　　　　D. 汽车与飞机

- UML 中有结构事物、行为事物、分组事物和注释事物 4 种。类、接口、构建属于 __(39)__ 事物；依附于一个元素或一组元素之上对其进行约束或解释的简单符号为 __(40)__ 事物。

  (39) A. 结构　　　　B. 行为　　　　C. 分组　　　　D. 注释
  (40) A. 结构　　　　B. 行为　　　　C. 分组　　　　D. 注释

- 一组对象以定义良好但是复杂的方式进行通信，产生的相互依赖关系结构混乱且难以理解。采用 __(41)__ 模式，用一个中介对象来封装一系列的对象交互，从而使各对象不需要显式地相互引用，使其耦合松散，而且可以独立地改变它们之间的交互。此模式与 __(42)__ 模式是相互竞争的模式，主要差别是：前者的中介对象封装了其他对象间的通信，而后者通过引入其他对象来分布通信。

  (41) A. 解释器（Interpreter）　　　B. 策略（Strategy）
  　　　C. 中介者（Mediator）　　　　D. 观察者（Observer）
  (42) A. 解释器（Interpreter）　　　B. 策略（Strategy）
  　　　C. 中介者（Mediator）　　　　D. 观察者（Observer）

- 下图所示为 __(43)__ 设计模式，适用于 __(44)__ 。

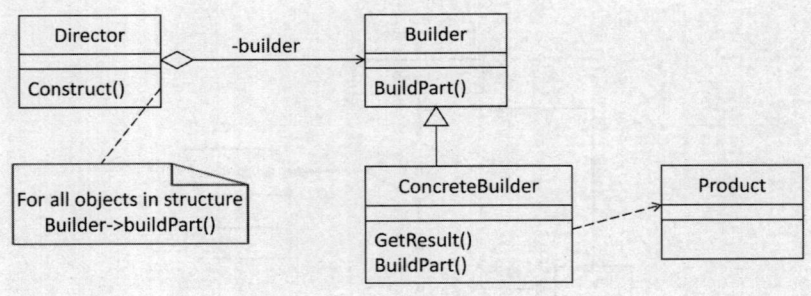

  (43) A. 抽象工厂（Abstract Factory）　　　B. 生成器（Builder）
  　　　C. 工厂方法（Factory Method）　　　D. 原型（Prototype）
  (44) A. 一个系统要由多个产品系列中的一个来配置时
  　　　B. 当一个类希望由它的子类来指定它所创建的对象时

C. 当创建复杂对象的算法应该独立于该对象的组成部分及其装配方式时
D. 当一个系统应该独立于它的产品创建、构成和表示时

● 关于下图所示有限自动机的叙述，不正确的是 __(45)__ 。

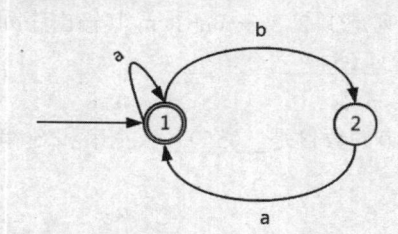

(45) A. 自动机识别的字符串中 a 不能连续出现
　　 B. 自动机识别的字符串中 b 不能连续出现
　　 C. 自动机识别的非空字符串必须以 a 结尾
　　 D. 自动机识别的字符串可以为空

● 在数据库逻辑结构设计阶段，需要 __(46)__ 阶段形成的 __(47)__ 作为设计依据。
(46) A. 需求分析　　　　　　　　　　B. 概念结构设计
　　 C. 物理结构设计　　　　　　　　D. 数据库运行和维护
(47) A. 程序文档、数据字典和数据流图　B. 需求说明文档、程序文档和数据流图
　　 C. 需求说明文档、数据字典和数据流图　D. 需求说明文档、数据字典和程序文档

● 给定关系模式 R(A, B, C, D) 和关系 S(A, C, D, E)，对其进行自然连接运算，与 $\sigma_{R.B>S.E}(R \bowtie S)$ 等价的关系代数表达式为 __(48)__ 。

(48) A. $\sigma_{2>8}(R \times S)$ 　　　　　　　　B. $\prod_{1,2,3,4,8}(\sigma_{1=5 \wedge 2>8 \wedge 3=6 \wedge 4=7}(R \times S))$
　　 C. $\sigma_{"2">"8"}(R \times S)$ 　　　　　D. $\prod_{1,2,3,4,8}(\sigma_{1=5 \wedge "2">"8" \wedge 3=6 \wedge 4=7}(R \times S))$

● 假设事务 T1 对数据 D1 加了共享锁，事务 T2 对数据 D2 加了排它锁，那么 __(49)__ 。
(49) A. 事务 T1 对数据 D2 加排它锁和共享锁都失败
　　 B. 事务 T1 对数据 D2 加共享锁成功，加排它锁失败
　　 C. 事务 T1 对数据 D2 加排它锁或共享锁都成功
　　 D. 事务 T2 对数据 D1 加排它锁成功

● 给定关系模式 R(U,F)，U=(A,B,C,D,E,H)，函数依赖集 F={A→B，A→C，C→D，AE→H}。关系模式 R 的候选关键字为 __(50)__ 。
(50) A. AC　　　　B. AB　　　　C. AE　　　　D. DE

● 关系代数运算是以集合操作为基础的运算，其 5 种基本运算是并、差、 __(51)__ 、投影和选择，其他运算可由这些运算导出。为了提高数据的操作效率和存储空间的利用率，需要对 __(52)__ 进行分解。
(51) A. 交　　　　B. 连接　　　C. 笛卡儿积　　D. 自然连接
(52) A. 内模式　　B. 视图　　　C. 外模式　　　D. 关系模式

- 数据结构中的树最适合用来表示__(53)__的情况。
    (53) A. 数据元素有序　　　　　　　　B. 数据元素之间具有多对多关系
         C. 数据元素无序　　　　　　　　D. 数据元素之间具有一对多关系
- 若一个栈初始为空，其输入序列是 1,2,3,…,n-1,n，其输出序列的第一个元素是 k(1≤k≤n/2)，则输出序列的最后一个元素是__(54)__。
    (54) A. 1　　　　　B. n　　　　　C. n-1　　　　　D. 不确定的
- 若串 S= "software"，则其子串的数目是__(55)__（空串和 S 串本身这两个字符串也算作 S 的子串）
    (55) A. 8　　　　　B. 9　　　　　C. 36　　　　　D. 37
- 对于长度为 11 的顺序存储的有序表，若采用折半查找（向下取整），则找到第 5 个元素需要与表中的__(56)__个元素进行比较操作（包括与第 5 个元素的比较）。
    (56) A. 5　　　　　B. 4　　　　　C. 3　　　　　D. 2
- 一棵高度为 4 的完全二叉树至少有__(57)__个节点。
    (57) A. 7　　　　　B. 8　　　　　C. 15　　　　　D. 16
- 已知一个文件中出现的各个字符及其对应的频率见下表。若采用定长编码，则该文件中字符的码长应为__(58)__。若采用 Huffman 编码，则字符序列 "face" 的编码应为__(59)__。

字符	a	b	c	d	e	f
频率（%）	45	13	12	16	9	5

    (58) A. 2　　　　　　　　B. 3　　　　　　　　C. 4　　　　　　　　D. 5
    (59) A. 110001001101　B. 001110110011　C. 101000010100　D. 010111101011
- 利用逐点插入法建立序列（50,72,43,85,75,20,35,45,65,30）对应的二叉排序树以后，查找元素 30 要进行__(60)__次元素间的比较。
    (60) A. 4　　　　　B. 5　　　　　C. 6　　　　　D. 7
- 一棵二叉树的先序遍历序列是 A-B-C-D-E-F，中序遍历序列为 C-B-A-E-D-F，则后序遍历序列为__(61)__。
    (61) A. C-B-E-F-D-A　B. F-E-D-C-B-A　C. C-B-E-D-F-A　D. 不确定
- 下列说法中不正确的是__(62)__。
    (62) A. 图的遍历是从给定的源点出发，每个顶点仅被访问一次
         B. 图的深度优先遍历不适用于有向图
         C. 遍历的基本算法有两种：深度优先遍历和广度优先遍历
         D. 图的深度遍历是一个递归过程
- 快速排序算法是在排序过程中，在待排序数组中确定一个元素为基准元素，根据基准元素把待排序数组划分成两个部分，前面一部分元素值小于基准元素，而后面一部分元素值大于基准元素，然后再分别对前后两个部分进一步进行划分。根据上述描述，快速排序算法采用了__(63)__算法设计策略。已知确定某基准元素操作的时间复杂度为 O(n)，则快速排序算法的最好和最坏情

况下的时间复杂度为__(64)__。

(63) A．分治　　　　　B．动态规划　　　　C．贪心　　　　　D．回溯

(64) A．O(n)和 O(nlog$_2$n)　　　　　　B．O(n)和 O(n^2)

　　 C．O(nlog$_2$n)和 O(n log$_2$n)　　D．O(n log$_2$n)和 O(n^2)

● 在同一信道上同一时刻，可进行双向数据传送的通信方式是__(65)__。

(65) A．单工　　　　　B．半双工　　　　　C．全双工　　　　D．上述三种均不是

● 计算机病毒是指能够侵入计算机系统，并在计算机系统中潜伏、传播、破坏系统正常工作的一种具有繁殖能力的__(66)__。

(66) A．流行性感冒病毒　　　　　　　　B．特殊小程序

　　 C．特殊微生物　　　　　　　　　　D．源程序

● ICMP 协议属于因特网中的__(67)__协议，ICMP 协议数据单元封装在__(68)__中传送。

(67) A．数据链路层　　B．网络层　　　　　C．传输层　　　　D．会话层

(68) A．以太帧　　　　B．TCP 段　　　　　C．UDP 数据报　　D．IP 数据报

● Telnet 提供的服务是__(69)__。

(69) A．远程登录　　　B．电子邮件　　　　C．域名解析　　　D．寻找路由

● 公开密钥密码体制的含义是__(70)__。

(70) A．将所有密钥公开　　　　　　　　B．将私有密钥公开，公开密钥保密

　　 C．将公开密钥公开，私有密钥保密　D．两个密钥相同

● Although some small hardware or software products can be developed by individuals, teams are required for most engineering projects. The scale and complexity of modern systems is such high, and the demand for short schedules is so great, that it is no longer __(71)__ for one person to do most engineering jobs. Systems development is a team __(72)__, and the effectiveness of the team largely determines the __(73)__ of the engineering.

　　Development teams often behave much like baseball or basketball teams. Even though they may have multiple specialties, all the members work toward __(74)__. However, on systems maintenance and enhancement teams, the engineers often work relatively independently, much like wrestling and track teams.

　　A team is __(75)__ just a group of people who happen to work together. Teamwork takes practice and it involves special skills. Teams require common processes; they need agreed-upon goals; and they need effective guidance and leadership. The methods for guiding and leading such teams are well known, but they are not obvious.

(71) A．convenient　　　B．existing　　　　C．practical　　　　D．real

(72) A．activity　　　　B．job　　　　　　 C．process　　　　　D．application

(73) A．size　　　　　　B．quality　　　　 C．scale　　　　　　D．complexity

(74) A．multiple objectives　　　　　　　 B．different objectives

　　 C．a single objective　　　　　　　 D．independent objectives

(75) A．relatively　　　B．/　　　　　　　 C．only　　　　　　 D．more than

软件设计师 机考试卷第4套
应用技术卷

试题一

阅读下列说明和图,回答【问题1】~【问题4】,将解答填入答题区的对应位置。

【说明】

某公司欲开发一款外卖订餐系统,集多家外卖平台和商户为一体,为用户提供在线浏览餐品、订餐和配送等服务。该系统的主要功能是:

1. 入驻管理。用户注册,商户申请入驻,设置按时间段接单数量阈值等。系统存储商户/用户信息。
2. 餐品管理。商户对餐品的基本信息和优惠信息进行发布、修改、删除。系统存储相关信息。
3. 订餐。用户浏览商户餐单,选择餐品及数量后提交订餐请求。系统存储订餐订单。
4. 订单管理。系统收到订餐请求后,向外卖平台请求配送。外卖平台接到请求后发布配送单,由平台骑手接单,外卖平台根据是否有骑手接单返回接单状态。若外卖平台接单成功,系统给支付系统发送支付请求,接收支付状态。支付成功,更新订单状态为已接单,向商户发送订餐请求并由商户打印订单,给用户发送订单状态;若支付失败,更新订单状态为下单失败,向外卖平台请求取消配送,向用户发送下单失败。若系统接到外卖平台返回接单失败或超时未返回接单状态,则更新订单状态为下单失败,向用户发送下单失败。
5. 配送。商户备餐后,由骑手取餐配送给用户。送达后由用户扫描骑手出示的订单上的配送码后确认送达,订单状态更改为已送达,并发送给商户。
6. 订单评价。用户可以对订单餐品、骑手配送服务进行评价,推送给对应的商户、所在外卖平台,商户和外卖平台对用户的评价进行回复。系统存储评价。

现采用结构化方法对外卖订餐系统进行分析与设计,获得如图1-1所示的顶层数据流图和图1-2所示的0层数据流图。

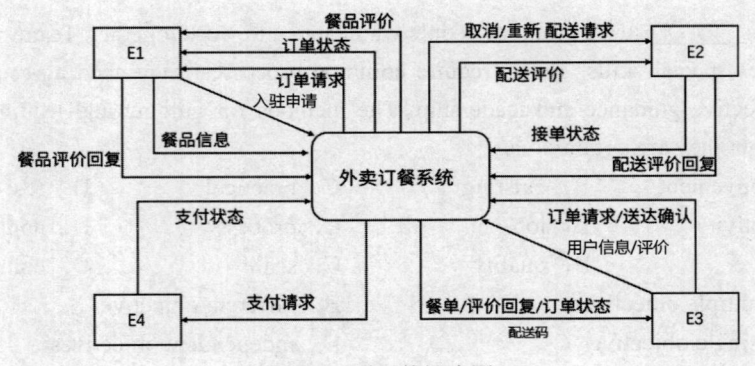

图 1-1 顶层数据流图

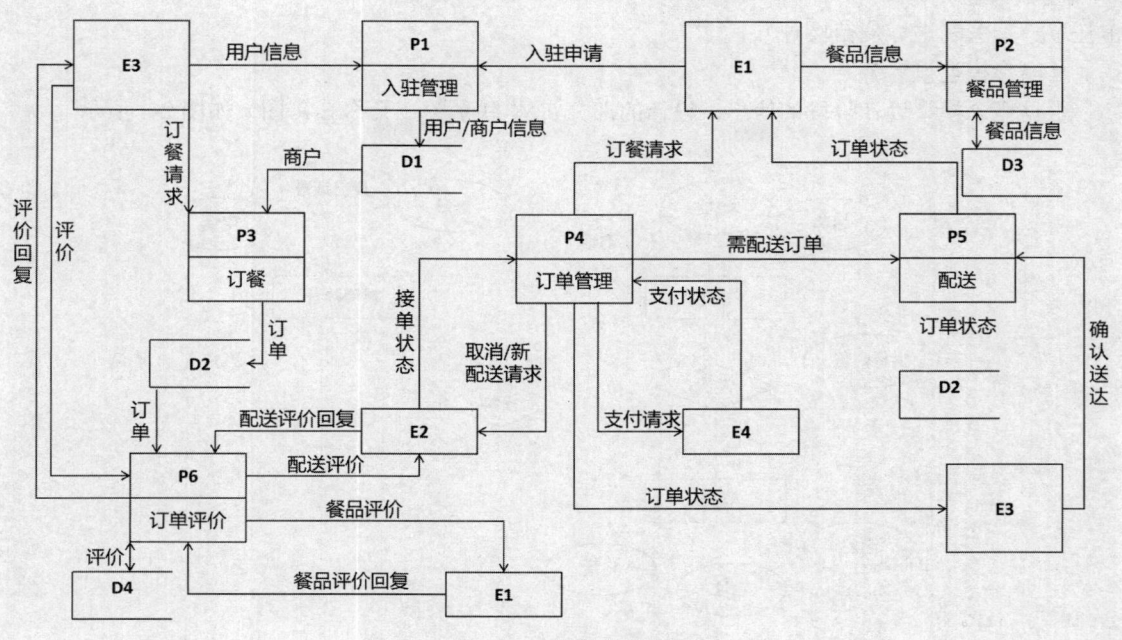

图 1-2　0 层数据流图

【问题 1】（4 分）

使用说明中的词语，给出图 1-1 中实体 E1～E4 的名称。

【问题 2】（4 分）

使用说明中的词语，给出图 1-2 中的数据存储 D1～D4 的名称。

【问题 3】（4 分）

根据说明和图中术语，补充图 1-2 中缺失的数据流及其起点和终点。

【问题 4】（3 分）

根据说明，采用结构化语言对"订单处理"的加工逻辑进行描述。

试题二

按照下列图表，在答题区的对应位置填写对应答案。

【说明】

为了提高接种工作效率，并提供疫苗接种数据支撑，需要开发一个信息系统。下述为该系统的数据库设计的相关需求。

（1）记录疫苗供应商的信息，包括供应商名称、地址和一个电话。

（2）记录接种医院的信息，包括医院名称、地址和电话。

（3）记录接种者个人信息，包括姓名、身份证号和电话。

（4）记录接种者疫苗接种信息，包括接种医院信息、被接种者信息、疫苗供应商名称和接种日期，为了提高免疫力，接种者可能需要进行多次疫苗接种（每天最多接种一次，每次都可以在全市任意一家医院进行疫苗接种）。

【概念模型设计】

根据概念模型设计阶段的信息，设计的部分实体-联系图（又称 E-R 图）如图 2-1 所示。

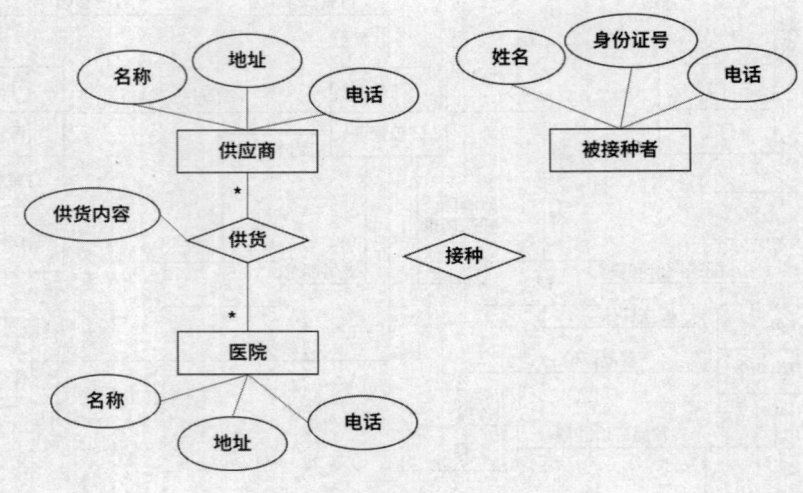

图 2-1 E-R 图

【逻辑结构设计】

根据概念模型设计阶段完成的实体联系图，得出如下关系模式（不完整）：

供应商（供应商名称，地址，电话）；

医院（医院名称，地址，电话）；

供货（供应商名称，__(a)__，供货内容）；

被接种者（姓名，身份证号，电话）；

接种（接种者身份证号，__(b)__，医院名称、供应商名称）。

【问题 1】（4 分）

根据问题描述，补充图 2-1 的 E-R 图（不增加新的实体）。

【问题 2】（4 分）

补充逻辑结构设计结果中的（a）、（b）两处空缺，并标注主键和外健完整性约束。

【问题 3】（7 分）

若医院还兼有核酸检测的业务，检测时可能需要进行多次核酸检测（每天最多检测一次），但每次都可以在全市任意一家医院进行检测。

请在图 2-1 中增加"被检测者"实体及相应的属性。医院与被检测者之间的"检测"联系及必要的属性，并给出新增加的关系模式。

"被检测者"实体包括姓名、身份证号、地址和一个电话。"检测"联系需要包括检测日期和检测结果等。

试题三

阅读下列说明和图，回答【问题1】～【问题3】，将解答填入对应栏内。

【说明】

一个简单的图形编辑器提供给用户的基本操作包括创建图形、创建元素、选择元素以及删除图形。图形编辑器的组成及其基本功能描述如下：

（1）图形由文本元素和图元元素构成，图元元素包括线条、矩形和椭圆。

（2）图形显示在工作空间中，一次只能显示一张图形（即当前图形，current）。

（3）编辑器提供了两种操作图形的工具：选择工具和创建工具。

对图形进行操作时，一次只能使用一种工具（即当前活动工具，active）。

创建工具用于创建文本元素和图元元素。

对于显示在工作空间中的图形，使用选择工具能够选定其中所包含的元素，可以选择一个元素，也可以同时选择多个元素。被选择的元素称为当前选中元素（selected）。每种元素都具有对应的控制点。拖拽选定元素的控制点，可以移动元素或者调整元素的大小。

现采用面向对象方法开发该图形编辑器，使用 UML 进行建模。构建出的用例图和类图如图 3-1 和图 3-2 所示。

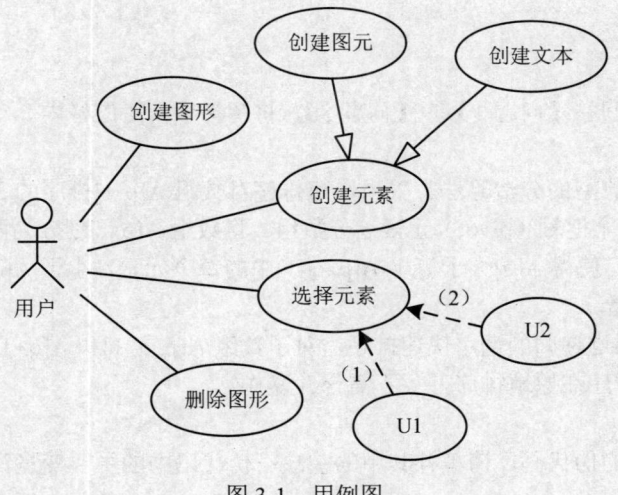

图 3-1 用例图

【问题1】（4分）

根据说明中的描述，给出图 3-1 中 U1 和 U2 所对应的用例，以及（1）和（2）处所对应的关系。

【问题2】（8分）

根据说明中的描述，给出图 3-2 中缺少的 C1～C8 所对应的类名以及（3）～（6）处所对应的多重度。

【问题3】（3分）

图3-2中的类图设计采用了桥接（Bridge）设计模式，请说明该模式的内涵。

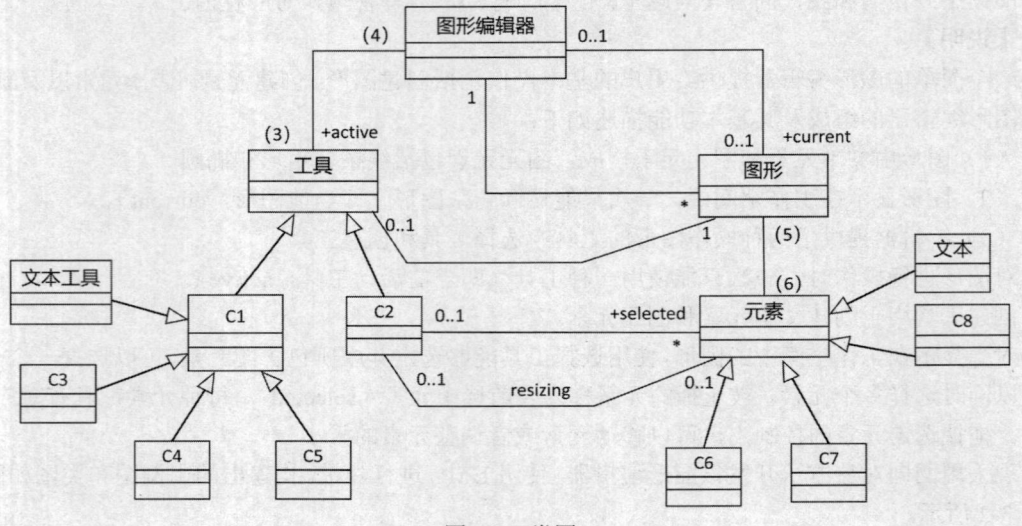

图3-2 类图

试题四

阅读下列说明，回答【问题1】～【问题3】，将解答填入对应栏内。

【说明】

快速排序是一种典型的分治算法。采用快速排序对数组A[p..r]排序的3个步骤如下：

1．分解。选择一个枢轴（pivot）元素划分数组。将数组A[p..r]划分为两个子数组（可能为空）A[p..q–1]和A[q+1..r]，使得A[q]大于等于A[p..q–1]中的每个元素，小于A[q+1..r]中的每个元素。q的值在划分过程中计算。

2．递归求解。通过递归的调用快速排序，对子数组A[p..q–1]和A[q+1..r]分别排序。

3．合并。快速排序在原地排序，故不需合并操作。

【问题1】（6分）

下面是快速排序的伪代码，请填补其中的空缺；伪代码中的主要变量说明如下。

A：待排序数组。

p，r：数组元素下标，从p到r。

q：划分的位置。

x：枢轴元素。

i：整型变量，用于描述数组下标。下标小于或等于i的元素的值小于或等于枢轴元素的值。

j：循环控制变量，表示数组元素下标。

```
QUICKSORT (A,p,r){
    if  (p <r){
```

```
        q=PARTITION(A,p,r);
        QUICKSORT(A,p,q-1);
        QUICKSORT(A,q+1,r);
    }
}
PARTITION(A,p,r){
    x=A[r];i=p-1;
    for(j=p;j≤r-1;j++){
        if   (A[j]≤x){
            i=i+1;
            交换 A[i]和 A[j]
        }
    }
    交换___(1)___和___(2)___      //注：空（1）和空（2）答案可互换，但两空全部答对方可得分
    return   (3)
}
```

【问题 2】（4 分）

（1）假设要排序包含 n 个元素的数组，请给出在各种不同的划分情况下，快速排序的时间复杂度，用 O 记号。最佳情况为___(4)___，平均情况为___(5)___，最坏情况为___(6)___。

（2）假设要排序的 n 个元素都具有相同值时，快速排序的运行时间复杂度属于哪种情况？___(7)___。（最佳，平均、最坏）

【问题 3】（5 分）

（1）待排序数组是否能被较均匀地划分对快速排序的性能有重要影响，因此枢轴元素的选取非常重要。有人提出从待排序的数组元素中随机地取出一个元素作为枢轴元素，下面是随机化快速排序划分的伪代码——利用原有的快速排序的划分操作，请填充其中的空缺处。其中，RANDOM(i, j)表示随机取 i～j 之间的一个数，包括 i 和 j。

```
RANDOMIZED_PARTITION(A,p,r){
    i=RANDOM(p,r);
    交换___(8)___和___(9)___；    //注：空（8）和空（9）答案可互换，每空 2 分
    return PARTITION (A,p,r);
}
```

（2）随机化快速排序是否能够消除最坏情况的发生？___(10)___。（是或否）

试题五（共 15 分，每空 3 分）

阅读下列说明和 C++代码，回答下列问题。

【说明】

在软件系统中，通常都会给用户提供取消不确定或者错误操作的选择，允许将系统恢复到原先的状态。现使用备忘录（Memento）模式实现该要求，得到如图 5-1 所示的类图。Memento 包含了要被恢复的状态。Originator 创建并在 Memento 中存储状态。Caretaker 负责从 Memento 中恢复状态。

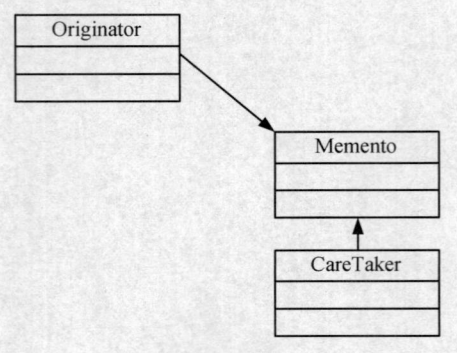

图 5-1 类图

【C++代码】

```cpp
#include <iostream>
#include <string>
#include <vector>
using namespace std;

class Memento {
    private:
        string state;
    public:
        Memento(string state) { this->state = state; }
        string getState() { return state; }
};

class Originator {
    private:
        string state;
    public:
        void setState(string state) { this->state = state; }
        string getState() { return state; }
        Memento saveStateToMemento() {Return___(1)___;}
        void getStateFromMemento(Memento Memento) {state =___(2)___;}
};

class CareTaker {
    private:
        vector <Memento> mementoList;
    public:
        void___(3)___{mementoList.push_back(state);}
        Memento___(4)___{return mementoList[index];}
};

int main(void) {
    Originator* originator = new Originator();
    CareTaker* careTaker = new CareTaker();
    originator->setState("State #1");
    originator->setState("State #2");
```

```
        careTaker->add(___(5)___);
        originator->setState("State #3");
        careTaker->add(originator->saveStateToMemento());
        originator->setState("State #4");
        cout << "Current State:" << "+" << originator->getState() << endl;
        Memento menento = careTaker->get(0);
        originator->getStateFromMemento(menento);
        cout << "First saved State:" << originator->getState() << endl;
        originator->getStateFromMemento(careTaker->get(1));
        cout << "second save State" << "+" << originator->getState() << endl;return 0;
    }
```

试题六（共 15 分，每空 3 分）

阅读下列说明和 Java 代码，回答下列问题。

【说明】

在软件系统中，通常都会给用户提供取消、不确定或者错误操作的选择，允许将系统恢复到原先的状态。现使用备忘录（Memento）模式实现该要求，得到如图 6-1 所示的类图。Memento 包含了要被恢复的状态。Originator 创建并在 Memento 中存储状态。Caretaker 负责从 Memento 中恢复状态。

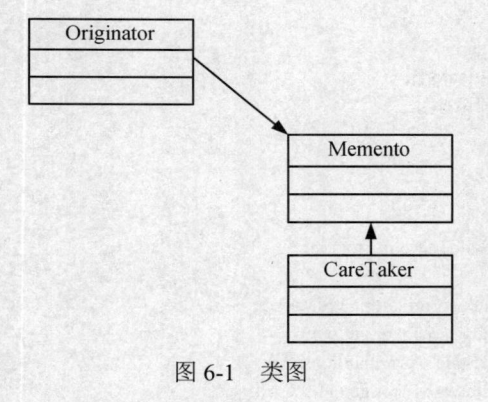

图 6-1 类图

【Java 代码】
```
import java.util.*;
class Memento {
private String state;
public Memento(String state){
this.state=state;
}
public String getState(){
return state;
}
}
class Originator{
private String state;
```

```
public void setState(String state){
this.state=state;
}
public String getState(){
return state;
}
public Memento saveStateToMemento( ){
return    (1)   ;
}
}
public void getStateFromMemento(Memento Memento){
state =    (2)   ;
}
class CareTaker{
private ListmementoList= new ArrayList();
public    (3)    {
mementoList.add(state);
}
public    (4)    {
return memensoList.get(index);
}
}
class MementoPaneDems{
public static void main(String[] args) {
Originator originator =new Originator();
CareTaker careTaker=new careTaker();
originator.setState("State #1");
originator.setState("State #2");
careTaker.add(    (5)   );
originator.setState("State #3");
careTaker.add( originator.saveStateToMemento() );
originator.setState("State #4");
System.out.println("CurrentState"+originator.getState());
originator.getStateFromMemento(careTaker.get(0));
System.out.println("Frist saved State"+originator.getState());
originator.getStateFromMemento(careTaker.get(1));
System.out.println("Second saved State"+originator.getState());
}
}
```

软件设计师 机考试卷第4套
基础知识卷参考答案/试题解析

（1）**参考答案**：A

试题解析 寻址方式是指如何对指令中的地址字段进行解释以获得操作数或程序转移地址的方法。

立即寻址：操作数就包含在指令中，取出指令时即可得到操作数。例如，ADD AX，3048H。

直接寻址：操作数存放在内存单元中，指令中直接给出操作数所在存储单元的地址。例如，ADD AX，[2000H]。

寄存器寻址：操作数存放在某一寄存器中，指令中给出存放操作数的寄存器名。例如，MOV AX，R0。

间接寻址：不直接指出操作数的地址，而是指出操作数有效地址所在的存储单元地址，也就是说有效地址是由形式地址间接提供的。

（2）**参考答案**：D

试题解析 对于 n 位数据，只有 1 位出错的状态有 n 种（第 1 位错、第 2 位错、……、第 n 位错），还有一种情况是不出错，因此共有 n+1 种状态需要表达。因此对于 32 位数据来说，共有 33 种状态需要表达，也就是至少需 6 位检验位。

（3）**参考答案**：B

试题解析 本题考查计算机系统基础知识。地址总线宽度决定了 CPU 可以访问的物理地址空间，简单地说就是 CPU 到底能够使用多大容量的内存。CPU 字长指 CPU 能一次处理的二进数的位数。数据总线负责计算机中数据在各组成部分之间的传送，数据总线宽度是指在芯片内部一次可传送的数据的位数。数据总线宽度则决定了 CPU 与二级缓存、内存以及输入/输出设备之间一次数据传输的位数。

（4）**参考答案**：B

试题解析 可寻址的单位个数，就是这些存储器的容量，需要用多少个地址来表示。由于机器字长为 64 位即 8 B，因此 512M 的容量按字寻址需要的地址个数为 512MB/8B=64M。

（5）**参考答案**：D

试题解析 每个功能段的时间设定为取指、分析和执行 3 个部分，其中最长时间为 3ns，第一条指令在第 6ns 时执行完毕，其余 99 条指令每隔 3ns 执行完一条，所以 100 条指令执行完毕所需的时间为 99*3+6=303ns。

（6）**参考答案**：D

试题解析 防火墙工作层次越高，实现过程越复杂，对数据包的理解能力越强，对非法包的判断能力越高，但工作效率越低；防火墙工作层次越低，实现过程越简单，其工作效率越高，同时安全性越差。

（7）**参考答案**：D

试题解析 TCP/IP 协议簇是指工作在 TCP 层（传输层）或 IP 层（网络层）的协议的统称，而 HDLC（High-level Data link Control）是一种面向比特型数据的数据链路层协议，因此它不属于 TCP/IP 协议簇。

TCP/IP 协议簇主要包括 TCP、IP、ICMP、IGMP、ARP、RARP、UDP、DNS、FTP、HTTP 等。

（8）**参考答案**：B

试题解析 包过滤技术是一种基于网络层、传输层的安全技术，优点是简单实用，实现成本较低同时，包过滤操作对于应用层来说是透明的，它不要求客户与服务器程序做任何修改。但包过滤技术无法识别基于应用层的恶意入侵，如恶意的 Java 小程序以及电子邮件中附带的病毒。包过滤技术对应用和用户是透明的，是指用户和应用都不必关心包过滤技术是如何工作的。

代理服务技术基于应用层，需要检查数据包的内容，能够对基于高层协议的攻击进行拦截，安全性较包过滤技术要好，缺点是处理速度比较慢，不适用于高速网之间的应用。

另外，代理使用一个客户程序与特定的中间节点连接，然后中间节点与代理服务器进行实际连接。因此，使用这类防火墙时外部网络与内部网络之间不存在直接连接，即使防火墙发生了问题，外部网络也无法与被保护的网络联接。

（9）**参考答案**：B

试题解析 ARP（Address Resolution Protocol）是一种地址解析协议，它可以通过 IP 地址找出对应的 MAC 地址。而 RARP（Reverse ARP）的功能则与 ARP 相反，它可以通过 MAC 地址（Media Access Control Address），找出对对应的 IP 地址。

（10）**参考答案**：A

试题解析 震网是一种病毒，于 2010 年 6 月首次被检测出来，是第一个专门定向攻击真实世界中基础（能源）设施的蠕虫病毒，如核电站、水坝、国家电网。

（11）（12）**参考答案**：C　D

试题解析 数字证书的主要作用是身份认证，即"证明某人是某人"。数字证书由 CA（Certificate Authority）权威认证机构颁发，其中包含了三部分内容：①证书拥有者的身份信息、公钥；②证书本身的有效期；③证书颁发机构的信息、数字签名。

数字签名的主要作用是确保信息不可否认。数字签名本质上是一种加密技术，它用签名者的私钥对信息进行加密，这样，确保了接收方接收到的信息只有签名者能够制造出来，也就使得签名者无法抵赖。

（13）（14）**参考答案**：B　B

试题解析 第一空涉及到向客户提供工具软件的复制品，这里侵犯了工具软件的软著权。

第二空，甲公司没有注册商标，并且没有描述商业秘密相关内容，所以不涉及商标权保护和不正当竞争保护，而著作权是自作品完成之时就开始保护，所以甲公司当软件产品完成之后，该作品就已经受到著作权保护了，乙公司的行为侵犯了著作权。

（15）**参考答案**：B

试题解析 数据流图的基本原则是：从基本系统模型出发，自顶向下、从抽象到具体分层次地画。

（16）参考答案：D

🗨试题解析　在数据流图中，外部实体是指处于系统之外，跟系统有交互的对象。外部实体可以是人、物、其他系统等。根据题意，"报名表"是考试系统本身包含的部分，是数据存储实体，不属于外部实体。

（17）参考答案：D

🗨试题解析　在结构化设计中，系统由多个逻辑上相对独立的模块组成，在模块划分时需要遵循"模块的大小要适中"的原则。过大的模块可能导致系统分解不充分，其内部可能包括不同类型的功能，需要进一步划分，尽量使得各个模块的功能单一；过小的模块将导致系统的复杂度增加，模块之间的调用过于频繁，从而降低模块的独立性。一般来说，一个模块的大小使其实现代码在1～2页纸之内，或者其实现代码行数在50～200行之间为宜，这种规模的模块易于实现和维护。要考虑信息隐蔽，模块内部的数据不可以让其他模块直接访问。提高模块独立性，尽可能高内聚和低耦合。

（18）参考答案：D

🗨试题解析　中间代码是源程序的一种内部表示，或称为中间语言。中间代码的作用是使编译程序的结构在逻辑上更为简单明确。使用中间代码可提高编译程序的可移植性，常见的有逆波兰式、四元式、三元式和树。

（19）参考答案：A

🗨试题解析　后缀式是波兰逻辑学家卢卡西维奇发明的一种表达方式，把运算符号写在运算对象的后面，例如把a+b写成ab+，这种表示法的优点是根据运算对象和算符的出现次序进行计算，不需要使用括号。

（20）参考答案：C

🗨试题解析　对于题中的自动机，0000的识别路径为A→B→B→B→B，不能到达终态C，所以0000不能被该自动机识别；1111的识别路径为A→A→A→A→A，不能到达终态C，所以1111也不能被该自动机识别；1010的识别路径为A→A→B→C→B，结束状态不是终态C，所以1010不能被该自动机识别；0101的识别路径为A→B→C→B→C，存在从初态到终态的识别路径，所以0101可以被该自动机识别。

（21）参考答案：B

🗨试题解析　进程具有三种基本状态：运行、就绪和阻塞。处于这三种状态的进程在一定条件下，其状态可以转换。

当CPU空闲时，系统将选择处于就绪状态的一个进程进入运行状态。

当CPU的一个时间片用完时，当前处于运行态的进程就进入了就绪状态。

进程从运行到阻塞状态通常是由于进程释放CPU，等待系统分配资源或等待某些事件的发生。例如，执行了P操作系统暂时不能满足其对某资源的请求，或等待用户的输入信息等。

当进程等待的事件发生时，进程从阻塞到就绪状态，如I/O完成。

（22）参考答案：D

🗨试题解析　信号量初值等于资源数量，即为2，由于同时最多有2个进程访问打印机，其余进程必须处理等待状态，故S的最小值为$-(n-2)$。

（23）**参考答案**：C

试题解析 本题考核编译原理相关知识。编者以为，本题的原意应是问"目标代码生成阶段的主要任务是什么"。完整的编译过程，实际上有两个生成代码的阶段：一是生成中间代码的阶段，二是生成目标代码的阶段。从选项上看，任何选项都不属于"生成中间代码阶段"，而选项 C 属于"生成中间代码阶段"。

（24）**参考答案**：D

试题解析 由图可知，段号占 10 位，因此最多有 $2^{10}=1024$ 个段；页号也占 10 位，因此每个段内最多有 $2^{10}=1024$ 个页；页内地址占 12 位，因此页大小为 $2^{12}=4096$ 字节，即 4K 字节。

（25）**参考答案**：D

试题解析 虚拟内存是计算机系统内存管理的一种技术。它使得应用程序认为它拥有超过实际物理内存空间的连续的可用的内存（一个连续完整的地址空间），而实际上，它通常是被分隔成多个物理内存碎片，还有部分是暂时存储在外部磁盘存储器上，在需要时进行数据交换。

（26）**参考答案**：A

试题解析 在 CPU 内部，寄存器之间以及算术逻辑部件与控制部件之间传输数据所用的总线称为片内总线，即芯片内部的总线。

（27）**参考答案**：A

试题解析 总线按连接部件的不同可以分为片内总线、系统总线和通信总线；选项 B 是按照传输内容不同进行的划分；选项 C 与总线划分无关；选项 D 是总线标准。

（28）（29）**参考答案**：A C

试题解析 原码：最高位为符号位，表示正数时最高位为 0，表示负数时符号位为 1。
反码：正数的反码和原码相同；负数的反码是符号位为 1，其他位是原码取反。
补码：正数的补码和原码相同；负数的补码是符号位为 1，其他位是原码取反后加 1。
移码：将补码的符号位取反则变成移码（不区分正负）。
FFH 即 11111111B：①若其为原码，则其真值为-127；②若其为反码，则其真值为 10000000，即-0；③若其为补码，则其真值为 10000001，即-1；④若其为移码，则其补码为 01111111，从而其真值为正的 127。

（30）**参考答案**：D

试题解析 结构化分析方法的基本思想是用系统工程的思想和工程化的方法，根据用户至上的原则，自始自终按照结构化、模块化、自顶向下地对系统进行分析与设计（分解或求精）。

（31）**参考答案**：C

试题解析 顺序、选择、循环是三种基本的程序控制结构。

（32）**参考答案**：B

试题解析 需求分析阶段最重要的技术文档是需求规格说明书。

（33）**参考答案**：A

试题解析 耦合性也称模块间的联系，是对软件系统结构中各模块间相互联系紧密程度的一种度量。模块之间联系越紧密，其耦合性就越强，模块的独立性则越差。模块间耦合高低取决于模块间接口的复杂性、调用的方式及传递的信息。

耦合性分类（按耦合度由低到高）：无直接耦合；数据耦合；标记耦合；控制耦合；公共耦合；内容耦合。

（34）（35）**参考答案**：A A

试题解析　在图论中，简单路径的定义是路径上的各顶点均不互相重复，这样的路径称为简单路径（或基本路径）。如果路径上的第一个顶点与最后一个顶点重合，这样的路径称为回路或环。

设程序的判定节点数为 n，则简单路径的个数等于 n+1，本题有 2 个判定节点，因此简单路径数为 2+1=3。

MacCabe 度量法公式为 V(G)=m-n+2。其中，V(G)表示有向图 G 中的环路数，m 是图 G 中的弧数，n 是图 G 中的节点数。本题中 m=10，n=9，故 V(G)=3。

（36）**参考答案**：C

试题解析　封装是指把对象的属性和操作结合在一起，构成一个独立的对象，其内部信息对外界是隐蔽的，外界只能通过有限的接口与对象发生联系。

（37）**参考答案**：B

试题解析　更正性维护（也称"纠错性维护"）：诊断和修正系统中遗留的错误，核心特征是"出现错误后纠正"。

适应性维护：为了使系统适应环境的变化而进行的维护工作，核心特征是"环境发生变化"。

完善性维护：在系统的使用过程中，用户往往要求扩充原有系统的功能，增加一些在软件需求规范书中没有规定的功能与性能特征，以及对处理效率和编写程序的改进，核心特征是"基于用户意见而对软件进行完善"。

预防性维护：系统维护工作不应总是被动地等待用户提出要求后才进行，应进行主动的预防性维护，即选择那些还有较长使用寿命，目前尚能正常运行，但可能将要发生变化或调整的系统进行维护，目的是通过预防性维护为未来的修改与调整奠定更好的基础，其核心特征是"预防"。

（38）**参考答案**：B

试题解析　泛化表示类与类之间的继承关系，接口与接口之间的继承关系，或类对接口的实现关系。一般泛化关系是从子类指向父类的。

对于两个相对独立的对象，当一个对象的实例与另一个对象的一些特定实例存在固定的对应关系时，这两个对象之间为关联关系。关联体现的是两个类，或者类与接口之间语义级别的一种强依赖关系，这种关系一般是长期性的，而且双方的关系一般是平等的。关联可以是单向、双向的。

聚合是关联关系的一种特例，体现的是整体与部分、拥有的关系，即 has-a 的关系，此时整体与部分之间是可分离的，它们可以具有各自的生命周期，部分可以属于多个整体对象，也可以为多个整体对象共享。

组合也是关联关系的一种特例，体现的是一种 con-tains-a 的关系，这种关系比聚合更强，也称为强聚合；它同样体现整体与部分间的关系，但此时整体与部分是不可分的，整体的生命周期结束也就意味着部分的生命周期结束。

（39）（40）**参考答案**：A D

试题解析　UML（统一建模语言）中的事物是指构成 UML 模型的基本元素，主要包括以下 4 种类型：结构事物、行为事物、分组事物、注释事物。

结构事物：模型中的静态部分，包括类、接口、协作、用例、组件。

行为事物：模型中的动态部分，包括交互、状态机。

分组事物：可以把分组事物看成是一个"盒子"，模型可以在其中被分解。目前只有一种分组事物，即包（Package）。结构事物、动作事物，甚至分组事物都有可能放在一个包中。包纯粹是概念上的，只存在于开发阶段，而组件在运行时存在。

注释事物：注释事物是 UML 模型的解释部分。

（41）（42）**参考答案**：C　D

📌**试题解析**　解释器模式（Interpreter Pattern）：一种行为型模式。本模式定义了一种给定语言的文法表示，并可使用该表示来解释语言中的句子。该模式被用在 SQL 解析、符号处理引擎等。

策略模式：一种行为型模式。该模式定义了一系列算法或策略，并将每个算法或策略封装在独立的类中，使得它们可以互相替换，从而可以在运行时根据需要选择不同的算法，而不需要修改客户端代码。

中介者模式：一种行为型模式。该模式通过把一系列对象间的交互进行封装，从而使得这些对象之间不必显示地进行相互引用，这样，就可显著降低对象间的耦合。当这些对象中的某些对象之间的相互作用发生改变时，不会立即影响到其他的一些对象之间的相互作用，从而保证这些相互作用可以彼此独立地变化。在该模式中，对象都与一个处于中心地位的中介者对象发生紧密的关系，由这个中介者对象进行协调工作。这个协调者对象称为中介者（Mediator），而中介者所协调的成员对象称为同事（Colleague）对象。

观察者模式：一种行为型模式。该模式定义了一种一对多的依赖关系，当一个对象的状态发生改变时，其所有依赖者都会收到通知并自动更新。

（43）（44）**参考答案**：B　C

📌**试题解析**　生成器模式又称建造（者）模式，是一种对象构建型模式，它可以将对象的复杂建造过程抽象出来（抽象类别），使这个抽象过程的不同实现方法可以构造出不同表现（属性）的对象。生成器通常包含 Builder（抽象建造者类，负责定义所需的建造接口），ConcreteBuilder（具体建造者类，负责实现抽象建造者类定义的建造接口），Director（指导者类，负责使用建造者对象来构建产品）和 Product（产品类，一个建造过程复杂的类）四部分。

（45）**参考答案**：D

📌**试题解析**　状态 1 即是初态也是终态（终态用双线圈表示），在状态 1 时，输入 a，则返回状态 1（即进入终态）；在状态 2 时，如果输入 a，则转换为状态 1，即终态，因此 a 是不可能连续出现的。

在状态 1 输入 b，转换为状态 2，而在状态 2 只接受 a，因此 b 不可能连续出现。

不管是在状态 1 还是状态 2，只要输入 a 就进入终态（状态 1），因此，非空字符串一定是以 a 结尾。

因此，用排除法只能是选项 D。空串不包含任何字符，无法作为自动机的输入，因此无法被自动机识别。（编者认为：在自动机中如果一个状态既是初态也是终态，则这个自动机中只能是只有一个状态的自动机，因此这个题尽管为真题，但所画的图本身是不符合逻辑的。）

（46）（47）**参考答案**：A　C

✎ **试题解析** 数据库的设计过程，按照规范的设计方法，一般分为以下六个阶段：①需求分析：分析用户的需求，包括数据、功能和性能需求，形成需求说明文档、数字字典和数据流图；②概念结构设计：对需求进行综合、归纳与抽象，形成不依赖于具体 DBMS 的概念模型（一般采用 E-R 图表示）；③逻辑结构设计：将概念模型转换为某个 DBMS 所支持的数据模型，即将 E-R 图转换成某种 DBMS 中的表及其关系；④数据库物理设计：主要是为所设计的数据库选择合适的存储结构和存取路径；⑤数据库的实施：包括编程、测试和试运行；⑥数据库运行与维护：系统的运行与数据库的日常维护。

（48）**参考答案**：B

✎ **试题解析** $\sigma_{R.B>S.E}(R \bowtie S)$ 的过程是：①把 R 和 S 做笛卡儿积；②在结果元组（记录）中，选出符合条件（R.B > S.E）的元组；③再把结果的属性做投影操作（重复属性组只保留一份）。可见，最后一步是投影操作，因此答案只能在选项 B 和选项 D 中选择，又因为当以列值表示属性时，列值的外面不能加引号，因此选 B。

（49）**参考答案**：A

✎ **试题解析** 事务并发处理时，如果对数据读写不加以控制，会破坏事务的隔离性和一致性。控制的手段就是加锁。在并发控制中引入两种锁：排它锁（Exclusive Locks，简称"X 锁"）和共享锁（Share Locks，简称"S 锁"）。

排它锁又称为写锁，用于对数据进行写操作时进行锁定。如果事务 T 对数据 A 加 X 锁，就只允许事务 T 读取和修改数据 A，其他事务对数据 A 不能再加任何锁，从而也不能读取和修改数据 A，直到事务 T 释放 A 上的锁。

共享锁又称为读锁，用于对数据进行读操作时进行锁定。如果事务 T 对数据 A 加 S 锁，事务 T 就只能读数据 A 但不可以修改，其他事务可以再对数据 A 加 S 锁来读取，只要数据 A 上有 S 锁，任何事务都只能再对其加 S 锁读取而不能加 X 锁修改。

（50）**参考答案**：C

✎ **试题解析** 通过 AE 关键字可以推导出 A、B、C、D、E、H 所有属性，其他选择均不可以。因此 R 的候选关键字（候选键）为 AE。

（51）（52）**参考答案**：C A

✎ **试题解析** 本题考查的是关系数据库方面的基本概念。关系代数的 5 种基本运算分别是并、差、笛卡儿积、投影和选择。

内模式（也称为"存储模式"）是数据库三级模式结构中的最底层，它描述了数据的实际存储组织，包括数据的存储方式、存储介质等。内模式分解的主要目的是为了优化数据库的物理存储结构，提高数据的访问效率和存储效率。具体方法包括数据分片、索引优化、数据压缩、分区等。

（53）**参考答案**：D

✎ **试题解析** 本题考查数据结构中树的基本知识。树结构中一个数据元素可以有两个或两个以上的直接后继元素，可以用来描述客观世界中广泛存在的层次关系。

树是具有 n（$n \geq 0$）个节点的有限集合。当 $n=0$ 则称为空树。在任一非空树（$n>0$）中，有且仅有一个称为根的节点；其余节点可分为 m（$m \geq 0$）个互不相交的有限集 $T_1, T_2, \cdots, T_m$，其中每个集合又都是一棵树,并且称为根节点的子树。

因此,树中数据元素之间具有一对多的逻辑关系。

(54)参考答案:D

试题解析 队列的元素是先进先出,栈的元素是先进后出。k(1≤k≤n/2)是输出序列的第一个元素有两层含义:一是在k出队之前从来没有任何一个元素出队(即此时栈底元素肯定是1);二是k是当前的栈顶(即k后的元素还未入栈)。但并不能因此判断输出序列的最后一个元素是1,因为出栈和入栈的操作可以随时交替进行,所以输出序列的最后一个元素是不确定的。

(55)参考答案:D

试题解析 设待求串长度为 n,则:

长度为 0 的子串有 1 个,即空串;

长度为 1 的子串有 n 个;

长度为 2 的子串有 $n-1$ 个;

……

长度为 $n-1$ 的子串有 2 个;

长度为 n 的子串有 1 个,即 S 本身。

因此,所有子串个数为 $1+1+2+3+\cdots+n-2+n-1+n=n(n+1)/2+1=8\times(8+1)/2+1=37$。

(56)参考答案:B

试题解析 本题考查折半(二分)查找。长度为 11 的有序表,如果用数组表示,则其下标范围为 0~10:①第一次折半,得到的下标为(10+0)/2=5,即第 6 个元素;②第二次折半,得到下标为(5+0)/2=2(因为向下取整),即第 3 个元素;③第三次折半,得到的下标为(5+2)/2=3,即第 4 个元素;④第四次折半,得到的下标为(5+3)/2=4,即第 5 个元素。可见,需要进行 4 次比较可以找到第 5 个元素。

当然本题也可用判定树的方法来进行。11 个元素的有序表进行折半查找的判定树如下图所示,节点中的数字表示元素的序号。该判定树表示,首先将待查找的元素与表中的中间元素比较(第 6 个元素),若相等,则找到,若大于中间位置元素,则下一步到后半个子表进行折半查找;否则,下一步到前半个子表进行折半查找。因此,要找表中的第 5 个元素,需要与第 6、3、4 和 5 个元素依次比较,查找成功。

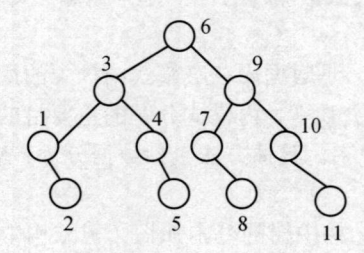

(57)参考答案:B

试题解析 根据完全二叉树的特点,其前三层是一个满二叉树,共 7 个节点,而第 4 层至少有一个节点,所以至少有 8 个节点。

(58)(59) 参考答案：B A

试题解析　本题考查 Huffman 编码的相关知识。字符在计算机中是用二进制表示的，每个字符用不同的二进制编码来表示。码的长度影响存储空间和传输效率。若是定长编码方法，用 2 位码长，只能表示 4 个字符，即 00、01、10 和 11；若用 3 位码长，则可以表示 8 个字符，即 000、001、010、011、100、101、110、111。对于题中给出的例子，一共有 6 个字符，因此采用 3 位定长的编码可以表示这些字符。

Huffman 编码是一种最优的不定长编码方法，Huffman 编码可以通过构造 Huffman 树（即最优二叉树）来求得，其目标是"让出现频率最高的字符所使用的编码码长最短"。了解了这个基本目标，那么构造哈夫曼树的方法就比较好理解了：把出现频率最低的字符，作为最底层的叶子节点（由于其离根节点最远，从而使得其编码最长）。

构造的哈夫曼树如下图所示。

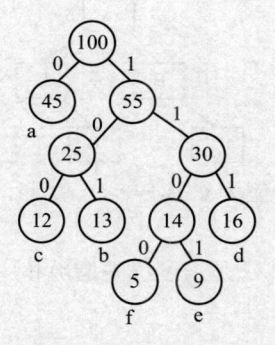

可见，字符 f 的编码为 1100；字符 a 的编码为 0；字符 c 的编码为 100；字符 e 的编码为 1101。由此可知，序列"face"的哈夫曼编码应为 110001001101。

(60) 参考答案：B

试题解析　二叉排序树或者是空树，或者是具有以下性质的二叉树：①左子树上所有节点的值均小于根节点的值；②右子树上所有节点的值均大于根节点的值；③左子树和右子树本身又各是一棵二叉排序树。

按上述定义建立的二叉排序树如下图所示。

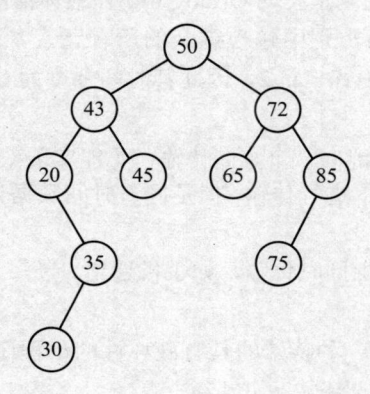

由图可见需要比较 5 次。

（61）**参考答案**：A

试题解析 先序遍历也称先根遍历，其遍历的次序为"根-左-右"，中序遍历也称中根遍历，其遍历次序为"左-根-右"，后序遍历也称后根遍历，其遍历次序为"左-右-根"。

判断过程：①先序遍历序列是 A-B-C-D-E-F，则说明 A 一定是二叉树的根节点；②中序遍历序列为 C-B-A-E-D-F，则说明 C、B 位于 A 的左子树中，E、D、F 位于 A 的右子树中；③知道了 C、B 位于 A 的左子树中，且先序遍历序列是 A-B-C-D-E-F，可知 B 必是 A 的左孩子节点；④中序遍历序列为 C-B-A-E-D-F，可知，C 必是 B 的左孩子节点（如果 C 是 B 的右孩子，则顺序应为 B-C），至此，A 的左子树中各节点的位置关系就明确了；⑤同理，可推理出 A 的右子树中各节点的位置关系。具体如下图所示。

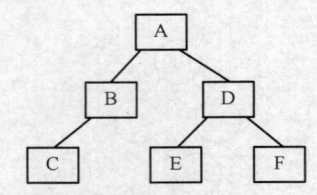

由上图可知，后序遍历的序列应为 C-B-E-F-D-A。

（62）**参考答案**：B

试题解析 图的两种遍历算法是深度优先遍历和广度优先遍历，对于任何图都适用，并没有限制是针对有向图和无向图的遍历。

（63）（64）**参考答案**：A　D

试题解析 以基准元素为中心，把数组分成两部分，左部分都小于基准元素，右部分都大于基准元素，这样把左、中、右各自作为一个整体来看，是有序的，但左和右内部不一定有序。则需要再以同样的思想把左侧和右侧元素进行处理，直到左-中-右都成为单独元素，这时，数组就严格有序了。这是把一个大问题变成小问题并分而治之，因此称为分治思想。

理想情况下，如果每次都能将数据划分为规模相近的两部分，并递归至不可再划分，则此时效率最高，由于每次划分需比较 n 次，因此划分的时间复杂度为 O(n)，而需要划分的总次数的时间复杂度为 $O(\log_2 n)$，因此总的时间复杂度为 $O(n\log_2 n)$。在最坏情况下，每次划分都极不均匀，如一个类别中没有任何元素，另一个类别中包含剩余的所有元素，这种情况下共需要比较的次数为 (n-1)+(n-2)+…+1=(n-1)(n-1+1)/2=(n-1)n/2，因此其时间杂度为 $O(n^2)$。

（65）**参考答案**：C

试题解析 单工指数据只能向一个方向传输，不能实现双向通信，如电视、广播。

半双工允许数据在两个方向上进行传输，但是同一时间数据只能在一个方向上传输，其实际上是切换的单工，如对讲机。

全双工允许数据在两个方向上同时传输，如手机通话。

（66）**参考答案**：B

试题解析 计算机病毒是一种特殊的具有破坏性的小程序，它具有自我复制能力，可通过

124

非授权入侵而隐藏在可执行程序或数据文件中。源程序是未编译的文本文件，不可直接运行，因此病毒不是源程序。

(67)(68) **参考答案**：B D

试题解析 ICMP（Internet Control Message Protocol）是 TCP/IP 协议族的一个子协议，属于网络层协议，主要用于在主机与路由器之间传递控制信息，包括报告错误、交换受限控制和状态信息等。数据在不同的层次，具有不同的封装格式。物理层的基本数据单元称为比特（Bit）；数据链路层的基本数据单元为帧（Frame）；网络层的基本数据单元为数据报（Packet）；传输层的基本数据单元为数据段（Segment）；会话层、表示层、应用层的基本数据单元为消息（Message）。

(69) **参考答案**：A

试题解析 Telnet 协议提供远程登录服务，它允许本地用户登录到远程主机，将本地用户的内容传送到远程主机进行处理。Telnet 程序是一种 C/S 程序，它在本地系统中生成 Telnet 应用，并和远程主机上运行的 Telnet 进程建立 TCP 联接。本地用户发出的请求被送入本地主机上的 Telnet 客户端程序，然后通过 Telnet 协议将这个请求传送给远程主机上的 Telnet 服务器，这样本地用户就直接与远程主机相联了，从本地主机上就可以运行远程主机上的程序。大多数进程是在远程主机上运行的。

(70) **参考答案**：C

试题解析 在公开密钥密码体制中，加密密钥（Public Key，即公开密钥或公钥）是公开信息，而解密密钥（Secret Key，即秘密密钥或私钥）是需要保密的。

(71)(72)(73)(74)(75) **参考答案**：C A B C D

试题解析 虽然某些小的软硬件产品个人就能完成，但大多数工程项目都是需要由团队完成，现代操作系统的规模各复杂性是如此之高，对短进度的需求是如此之大，以至于大多数工程工作来说，由单独的个人来完成已经是 __(71)__。操作系统的开发是团队 __(72)__，团队的效率很大程度上决定了软件工程的 __(73)__。

开发团队的行为与篮球或棒球运动员的行为很相像，尽管每个人都有很多不同，但是大家是向着 __(74)__ 目标而努力的。然而，在系统维护和提升团队方面，工程师常常相对独立地工作，更像是摔跤队和田径队。

一个团队 __(75)__ 一群碰巧在一起工作的人。团队工作需要练习，并且包含特别的技能。团队需要共同的过程，需要一致的目标，需要有效的指导和领导。指导和带领团队的方法是众所周知的，但并不是显而易见的。

(71) A. 方便的　　　B. 现存的　　　C. 实际的　　　D. 真实的
(72) A. 活动　　　　B. 工作　　　　C. 过程　　　　D. 请求
(73) A. 尺寸　　　　B. 质量　　　　C. 规模　　　　D. 复杂度
(74) A. 多目标　　　B. 不同目标　　C. 同一个目标　D. 独立的目标
(75) A. 相对地　　　B. /　　　　　　C. 仅有的　　　D. 不只是

软件设计师　机考试卷第 4 套
应用技术卷参考答案/试题解析

试题一　参考答案/试题解析

【问题 1】参考答案
E1：商户　　　E2：外卖平台　　　E3：用户　　　E4：支付系统

试题解析
数据流图中的外部实体是指系统以外与系统有联系的人或事物。这些外部实体与系统之间存在信息传递关系，反映数据的来源和去向。外部实体、数据流、数据处理、数据存储共同构成了数据流程图的完整框架。

在顶层数据流图（又称"上下文数据流图"）中，一般"整个系统"位于顶层数据流图的中央，用圆角矩形表示，其周围的每个方角矩形表示一个外部实体，其中的连线表示外部实体与系统交互的数据流。

0 层数据流图主要是把顶层数据流图中的"整个系统"进行了细化，细化出"加工（符号为 P，图形为方角矩形）"和"存储（符号为 D，一般用右侧开口的方角矩形表示，但很多人直接用普通方角矩形）"。

【问题 2】参考答案
D1：商户/用户信息　　　　　　　　D2：订餐订单信息
D3：餐品的基本信息与优惠信息　　D4：评价信息

试题解析
"存储"的名称一般直接包含在流入的数据流中。

【问题 3】参考答案
P3 到 E3 的"餐单"。
P3 到 P4 的"订单请求"。
P5 到 D2 的"订单状态"。
P5 到 E3 的"配送码"。

试题解析
相对来讲，补充数据流图这类题目难度不大但需要耐心，基本的方法是：依次将每个功能描述（一个功能对应着图中的一个加工）与数据流图中的数据流进行对照。比如，对于第 3 个功能模块"订餐"，通过其中的描述"用户浏览商户餐单"可知，本功能模块（对应图中的加工 P3）需把商户的餐单发（呈现）给用户（E3）进行浏览，因此，P3 应有餐单数据流向 E3，但图中并未发现，因此需补充。同理，可得出其他缺失的数据流。

注意其中的一些技巧，比如：外部实体（E）与存储（D）之间不可能有数据交互，因此不可能有数据流，也就不需要进行考虑。

【问题 4】参考答案

收到订餐请求后，向外卖平台请求配送。

外卖平台接到请求后发布配送单，由平台骑手接单。

外卖平台根据是否有骑手接单返回接单状态。

```
IF(外卖平台接单成功)THEN{
系统给支付系统发送支付请求，接收支付状态；
IF(支付成功)THEN{
更新订单状态为已接单；
向商户发送订餐请求并由商户打印订单；
给用户发送订单状态；}
ELSE{
更新订单状态为下单失败；
向外卖平台请求取消配送；
向用户发送下单失败；
}ENDIF
}ELSE IF(系统接到外卖平台返回接单失败或超时未返回接单状态)THEN{
更新订单状态为下单失败；
向用户发送下单失败；}ENDIF
}ENDIF
```

试题二　参考答案/试题解析

【问题 1】参考答案

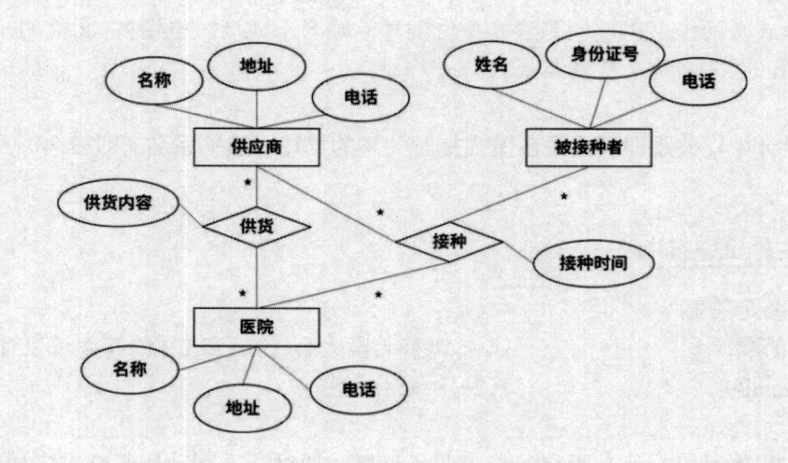

试题解析

E-R 图中，方角矩形表示实体，椭圆表示实体或联系本身所自带的属性，菱形表示实体与实体间的联系。本题中，显然可见，联系"接种"是孤立的，需要用线把这个联系与相关实体连接起来，并标出是何种对应关系，如 1:1（1 对 1 关系），1:*（1 对多关系），或者 *:*（多对多关系）。

【问题 2】参考答案

（a）医院名称　　　　　　（b）接种日期

供货关系：主键是（供货商名称，医院名称），外键是"供货商名称"及"医院名称"。

接种关系：主键是（接种者身份证号，接种日期），外键是"接种者身份证号""供应商名称""医院名称"。

试题解析

一个完整的联系系，需包含该联系所关联实体的主键（作为本关系的外键）以及该联系自身的属性。

【问题 3】参考答案

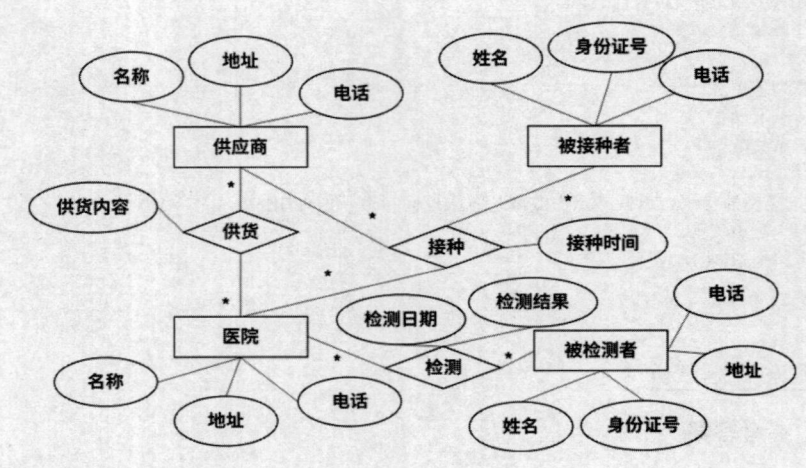

新增关系模式有两个：①被检测者（身份证号，姓名，地址，电话）；②检测（被检测者身份证号，检测日期，医院名称，检测结果）。

试题解析

在数据库设计中，关系即表，关系模式是对关系的描述，由关系名（即表名）及其属性（即字段）构成。

试题三　参考答案/试题解析

【问题 1】参考答案

U1：移动元素　　　　　　U2：调整元素大小（U1 和 U2 的答案可以互换）

（1）<<extend>>　　　　（2）<<extend>>

试题解析

简单来说，用例可以看作是用户的一个业务目标（通过一系列动作组合来完成）。用例与用例间的关系主要包括：①泛化（<<generalization>>）：用带空心三角箭头的实线表示，箭头（即普通线型箭头）指向父用例；②扩展（<<extend>>）：用带箭头的虚线表示，箭头从子用例指向基用例；

③包含（<<include>>）：用带箭头的虚线表示，箭头指向被包含的用例。

可见，正常来说（如果用例图非常规范），仅通过关系符号就可判断关系的类型。但有时候很多用例图并不规范（如本题中的扩展关系使用的就是实心三角箭头），我们必须根据用例之间的关系描述来断定两个用例间的关系。

【问题2】参考答案

C1：创建工具　　C2：选择工具　　C3：线条工具　　C4：矩形工具　　C5：椭圆工具
C6：线条　　C7：矩形　　C8：椭圆
（注：C3～C5 的答案可以互换；C6～C8 的答案可以互换。）
（3）0..1　　（4）1　　（5）1　　（6）1..*或*

试题解析

由类图可知，C1～C5 是工具，C6～C8 是图形。在此基础上再结合图片，根据题干中对应的描述，即可确定答案。

在类图中，多重度（Multiplicity）是指类与类之间关联关系的数量约束。具体来说，0..1 表示该类可以有 0 个或 1 个实例。

【问题3】参考答案

桥接模式将抽象部分与它的实现部分分离，使它们都可以独立地变化，对一个抽象的实现部分的修改应该对使用它的程序不产生影响。

试题四　参考答案/试题解析

【问题1】参考答案

（1）A[i+1]　　（2）A[r]　　（3）i+1
（注：空（1）和空（2）答案可以互换。）

试题解析

PARTITION()函数中，x=A[r]的作用，是把 A[r]复制一份出来，保存到 x 中，作为第一个 pivot（即比较的基准，或者称枢轴）。变量 j 是在循环过程内部使用的变量，用以在循环中依次访问数组元素并与 x 进行比较。在一趟循环中，首先拿当前元素（即 A[j]）与 x（即本趟的基准值）比较，如果 A[j]小于等于基准值，则表明 A[j]需要放到基准的前面（比较结果相等时元素位置也要变化，因此本算法属于不稳定算法），而 i 是基准前面那部分元素的后界的下标（i+1 的目的，是把前半部分的后界后面的第一个元素，纳入前半部分）。通过 A[i]与 A[j]交换，则小于基准的元素（即 A[j]）被放到了基准的前面。如果 A[j]大于 x，则不做任何操作，j 加 1。

当 j=r-1 时，倒数第二个元素与基准进行比较。这次比较以后，这一趟循环就走完了。但不要忘了，此时位于基准元素的 A[r]之前的所有元素，都分成了两部分，一部分小于等于 A[r]，一部分大于 A[r]，但分界元素却并没有被放在两个部分的中间，而是依然位于数组的最后。因此需要把 A[r]放在两部分的中间。由于 A[r]位于数组的最后，因此需要把数组后半部分的第一个元素与 A[r]交换。而又由于 i 指向的是前半部分的最后一个元素，因此，其后的元素（即后半部分的第一个元素）为 A[i+1]。

关于空（3），通过 QUIKSORT()函数中，q=Partition()这个语句，可知 PARTITION()函数的目

的是得到一个分界位置，有了这个位置，就把数组分成了两部分：前部分都小于等于分界元素，但内部并无序；后面部分都大于分界元素，但内部也无序。这样就具备了分别对两个部分进行递归处理的条件。由于返回值是分界元素的位置，这 i+1 恰好指向这个位置，因此返回值应为 i+1。

【问题 2】参考答案

（4）O(nlog$_2$n)　　（5）O(nlog$_2$n)　　（6）O(n^2)　　（7）最坏

试题解析

本题中，空（4）～空（6）与基础知识卷中的第（64）题基本相同，因此解析略。

关于空（7），仔细阅读【问题 1】的解析，一旦真正理解了算法的实现过程，就知道，对于一个完全有序的数组，使用这种算法划分而成的两部分，总有一部分为空，也就是说，其每一趟递归只能确定一个值的最终位置（即标准值的位置），所以这是本算法效率最低的场景。

【问题 3】参考答案

（8）A[i]　　（9）A[r]　　（10）是

（注：空（8）和空（9）答案可以互换。）

试题解析

i=RANDOM(p,r)是得到一个介于 p 与 r 之间的随机位置值。得到这个随机位置后，把这个位置上的元素与数组最后一个元素交换，则后面就完全变成了前面的问题。但加了这一步，哪怕数组是完全有序的，其时间复杂度也有效降低到了正常范围内。如果你认为"消除"的意思是"完全不可能再发生"，答案就填"否"。

试题五　参考答案/试题解析

参考答案

（1）Memento(state)

（2）Memento.getState()

（3）add(Memento state)

（4）get(int index)

（5）originator->saveStateToMemento()

试题解析

本题考查设计模式中的备忘录模式的 C++实现。

备忘录模式（Memento Pattern）是一种行为型设计模式，它允许在不破坏对象封装性的前提下，捕获并保存一个对象的内部状态，以便在需要时可以恢复到之前的状态。这种模式通常用于实现撤销（Undo）和重做（Redo）功能。

在 C++中实现备忘录模式，通常涉及三个主要角色：①**备忘录（Memento）**：负责存储发起人对象的内部状态，并保护这些状态不被外界直接访问；②**发起人（Originator）**：创建一个备忘录，用以记录当前时刻它的内部状态，以便在需要时能够使用备忘录进行恢复；③**管理者（CareTaker）**：负责从备忘录进行恢复操作，但不会对备忘录的内容进行检查或更改。

Memento saveStateToMemento() {Return　(1)　;}是类 Originator 的一个公有方法，通过本方法，可以把类 Originator 的私有状态保存到类 Memento 中，也就是保存到备忘录中，保存的结果，当然是"包含本类 state 的一个备忘录",即 Memento(state)。

同理,经过代码分析,可得出其他几个空的答案。

试题六 参考答案/试题解析

参考答案

(1) new Memento(state)

(2) Memento.getState()

(3) void add(Memento state)

(4) Memento get(int index)

(5) originator.saveStateToMemento()

试题解析

本题与试题五完全一样,仅改为用 Java 语言实现,因此解析略。

软件设计师 机考试卷第5套
基础知识卷

- 在程序执行过程中，高速缓存（Cache）与主存间的地址映射由__(1)__。
  - (1) A. 操作系统进行管理　　　　　　　　B. 存储管理软件进行管理
  　　　C. 程序员自安排　　　　　　　　　　D. 硬件自动完成
- 在计算机系统中常用的输入/输出控制方式有无条件传送、中断、程序查询和DMA等。其中，采用__(2)__方式时，不需要CPU控制数据的传输过程。
  - (2) A. 中断　　　　　B. 程序查询　　　　C. DMA　　　　　D. 无条件传送
- 下列叙述正确的是__(3)__。
  - (3) A. CPU能直接读取硬盘中的数据
  　　　B. CPU能直接存取内存器
  　　　C. CPU由存储器、运算器和控制器组成
  　　　D. CPU主要用来存储程序与数据
- 以下关于校验码的叙述正确的是__(4)__。
  - (4) A. 海明码利用多组数位的奇偶性来检错和纠错
  　　　B. 海明码的码距必须大于等于1
  　　　C. 循环冗余校验码具有很强的检错和纠错能力
  　　　D. 循环冗余校验码的码距必定为1
- 内存按字节编址，地址从A4000H到CBFFFH，共有__(5)__字节。若用存储容量为32K×4bit的存储器芯片构成该内存，至少需要__(6)__片。
  - (5) A. 80K　　　　　B. 96K　　　　　　C. 160K　　　　　D. 192K
  - (6) A. 2　　　　　　B. 5　　　　　　　C. 8　　　　　　　D. 10
- ICMP协议的作用是__(7)__。
  - (7) A. 报告IP数据报传送中的差错　　　　B. 进行邮件收发
  　　　C. 自动分配IP地址　　　　　　　　　D. 进行距离矢量路由计算
- 局域网中某主机的IP地址为201.156.19.22/21，该局域网的子网掩码为__(8)__。
  - (8) A. 255.255.255.0　　　　　　　　　　B. 255.255.252.0
  　　　C. 255.255.248.0　　　　　　　　　　D. 255.255.240.0
- 如果访问一个网站速度很慢，可能有多种原因，但以下不可能的原因是__(9)__。
  - (9) A. 网络服务器忙　　　　　　　　　　B. 通信线路忙
  　　　C. 本地终端感染病毒　　　　　　　　D. 没有访问权限

- 信息安全的基本属性是__(10)__。
  (10) A. 机密性　　　　B. 可用性　　　　C. 完整性　　　　D. 以上三项都是
- 在同一信道上同一时刻，可进行双向数据传送的通信方式是__(11)__。
  (11) A. 单工　　　　B. 半双工　　　　C. 全双工　　　　D. 上述三种均不是
- IP 地址块 155.32.80.192/27 包括__(12)__个主机地址，以下 IP 地址中__(13)__不属于这个网络的地址。
  (12) A. 14　　　　B. 30　　　　C. 62　　　　D. 126
  (13) A. 155.32.80.200　　　　　　　　B. 155.32.80.195
  　　　C. 155.32.80.198　　　　　　　　D. 155.32.80.253
- 甲、乙两软件公司于 2019 年 9 月 12 日就其财务软件产品分别申请"用友"和"用有"商标注册。两财务软件相似，甲第一次使用时间为 2018 年 7 月，乙第一次使用时间为 2018 年 8 月。此情形下，__(14)__能获准注册。
  (14) A. "用友"　　　　　　　　　　　B. "用友"与"用有"都
  　　　C. "用有"　　　　　　　　　　　D. 由甲、乙抽签结果确定
- 以下著作权权利中，__(15)__的保护期不受时间限制。
  (15) A. 署名权　　　　B. 发表权　　　　C. 使用权　　　　D. 获得报酬权
- 开-闭原则（Open-Closed Principle，OCP）是面向对象的可复用设计的基石。开-闭原则是指一个软件实体应当对__(16)__开放，对__(17)__关闭；里氏代换原则（Liskov Substitution Principle，LSP）是指任何__(18)__可以出现的地方，__(19)__一定可以出现；依赖倒转原则（Dependence Inversion Principle，DIP）就是要依赖于__(20)__而不依赖于__(21)__，或者说要针对接口编程，不要针对实现编程。
  (16) A. 修改　　　　B. 扩展　　　　C. 分析　　　　D. 设计
  (17) A. 修改　　　　B. 扩展　　　　C. 分析　　　　D. 设计
  (18) A. 变量　　　　B. 常量　　　　C. 基类对象　　　D. 子类对象
  (19) A. 变量　　　　B. 常量　　　　C. 基类对象　　　D. 子类对象
  (20) A. 程序设计语言　B. 建模语言　　　C. 实现　　　　　D. 抽象
  (21) A. 程序设计语言　B. 建模语言　　　C. 实现　　　　　D. 抽象
- 以下关于解释器运行程序的叙述，错误的是__(22)__。
  (22) A. 可以先将高级语言程序转换为字节码，再由解释器运行字节码
  　　　B. 可以由解释器直接分析并执行高级语言程序代码
  　　　C. 与直接运行编译后的机器码相比，通过解释器运行程序的速度更慢
  　　　D. 在解释器运行程序的方式下，程序的运行效率比运行机器代码更高
- 以下叙述正确的是__(23)__。
  (23) A. 编译正确的程序不包括语义错误
  　　　B. 编译正确的程序不包括语法错误
  　　　C. 除数为 0 的情况可以在语义分析阶段检查出来
  　　　D. 除数为 0 的情况可以在语法分析阶段检查出来

● 在C程序中有些变量随着其所在函数被执行而为其分配存储空间，当函数执行结束后由系统回收，则这些变量的存储空间应在__(24)__分配。

(24) A. 代码区　　　　B. 静态数据区　　　C. 栈区　　　　　　D. 堆区

● 下图是一有限自动机的状态转换图，该自动机所识别语言的特点是__(25)__，等价的正规式为__(26)__。

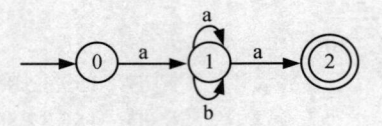

(25) A. 由符号a、b构成且包含偶数个a的串
　　 B. 由符号a、b构成且开头和结尾符号都为a的串
　　 C. 由符号a、b构成的任意串
　　 D. 由符号a、b构成且b的前后必须为a的串

(26) A. (a|b)*(aa)*　　B. a(a|b)*a　　　　C. (a|b)*　　　　D. a(ba)*a

● 已经获得除__(27)__以外的所有运行所需要资源的进程处于就绪状态。

(27) A. 存储器　　　　B. 打印机　　　　　C. CPU　　　　　　D. 磁盘空间

● 若PV操作的信号量S的初值是2，当前值为-1，则有__(28)__个等待进程。

(28) A. 1　　　　　　B. 2　　　　　　　C. 3　　　　　　　D. 4

● 关于虚拟存储器，以下说法正确的是__(29)__。

(29) A. 可提高计算机运算速度
　　 B. 扩大了的主存实际空间
　　 C. 通过SPOOLING技术实现
　　 D. 可以容纳超过主存容量的多个作业同时运行在一个地址空间

● 两个旅行社甲和乙为旅客到某航空公司订飞机票，形成互斥的资源是__(30)__。

(30) A. 飞机票　　　　B. 旅行社　　　　　C. 航空公司　　　　D. 旅行社和航空公司

● 在某班级管理系统中，班级的班委有班长、副班长、学习委员和生活委员，且学生年龄为15~25岁。若用等价类划分来进行相关测试，则__(31)__不是好的测试用例。

(31) A.（队长，15）　　　　　　　　　　　B.（班长，20）
　　 C.（班长，15）　　　　　　　　　　　D.（队长，12）

● 进行防错性程序设计，可以有效地控制__(32)__维护成本。

(32) A. 更正性　　　　B. 适应性　　　　　C. 完善性　　　　　D. 预防性

● 采用面向对象开发方法时，对象是系统运行时的基本实体。以下关于对象的叙述，正确的是__(33)__。

(33) A. 对象只能包括数据（属性）
　　 B. 对象只能包括操作（行为）
　　 C. 对象一定有相同的属性和行为
　　 D. 对象通常由对象名、属性和操作三个部分组成

- 一个类是 (34) 。在定义类时，将属性声明为 private 的目的是 (35) 。
  - (34) A. 一组对象的封装　　　　　　　　B. 表示一组对象的层次关系
  　　　C. 一组对象的实例　　　　　　　　D. 一组对象的抽象定义
  - (35) A. 实现数据隐藏，以免意外更改　　B. 操作符重载
  　　　C. 实现属性值不可更改　　　　　　D. 实现属性值对类的所有对象共享
- 在面向对象软件开发中，封装是一种 (36) 技术，其目的是使对象的使用者和生产者分离。
  - (36) A. 接口管理　　B. 信息隐藏　　C. 多态　　D. 聚合
- 欲动态地给一个对象添加职责，宜采用 (37) 模式。
  - (37) A. 适配器（Adapter）　　　　　　B. 桥接（Bridge）
  　　　C. 组合（Composite）　　　　　　D. 装饰器（Decorator）
- (38) 模式通过提供与对象相同的接口来控制对这个对象的访问。
  - (38) A. 适配器（Adapter）　　　　　　B. 代理（Proxy）
  　　　C. 组合（Composite）　　　　　　D. 装饰器（Decorator）
- 采用 UML 进行面向对象开发时，部署图通常在 (39) 阶段使用。
  - (39) A. 需求分析　　B. 架构设计　　C. 实现　　D. 实施
- 某公司开发一个信息管理系统，现阶段用户无法明确系统的全部准确要求，希望在试用后再逐渐完善并最终实现用户需求，则该信息系统应采用的开发方法是 (40) 。
  - (40) A. 结构化方法　　B. 面向对象方法　　C. 面向服务方法　　D. 原型化方法
- 在数据库设计中，E-R 模型常用于 (41) 阶段。
  - (41) A. 需求分析　　B. 概念设计　　C. 逻辑设计　　D. 物理设计
- 某公司数据库的两个关系为：部门（部门号，部门名，负责人，电话）和员工（员工号，姓名，住址）。假设每个部门有若干名员工，一名负责人，一部电话；员工号为员工关系的主键。若部门名是唯一的，请将下述 SQL 语句的空缺部分补充完整。
  　　CREATE TABLE 部门 （部门号 CHAR(4)　PRIMARY KEY，部门名 CHAR(10) (42) ，负责人 CHAR(10), 电话 CHAR(11), (43) ）
  - (42) A. NOT NULL　　　　　　　　　　B. UNIQUE
  　　　C. KEY UNIQUE　　　　　　　　　D. PRIMARY KEY
  - (43) A. PRIMARY KEY (部门号) NOT NULL UNIQUE
  　　　B. PRIMARY KEY (部门名) UNIQUE
  　　　C. FOREIGN KEY (负责人) REFERENCES 员工（姓名）
  　　　D. FOREIGN KEY (负责人) REFERENCES 员工（员工号）
- UML 中有 4 种事物：结构事物、行为事物、分组事物和注释事物。类、接口、构建属于 (44) 事物；依附于一个元素或一组元素之上对其进行约束或解释的简单符号为 (45) 事物。
  - (44) A. 分组　　B. 行为　　C. 结构　　D. 注释
  - (45) A. 结构　　B. 行为　　C. 分组　　D. 注释
- 结构型设计模式涉及如何组合类和对象以获得更大的结构，分为结构型类模式和结构型对象模式。其中，结构型类模式采用继承机制来组合接口或实现，而结构型对象模式描述了如何对一

些对象进行组合，从而实现新功能的一些方法。以下 (46) 模式是结构型对象模式。

(46) A. 组合（Composite） B. 构建器（Builder）
C. 解释器（Interpreter） D. 中介者（Mediator）

● 创建型设计模式与对象的创建有关，按照所用的范围分为面向类和面向对象两种。其中，(47) 模式是类创建型模式。

(47) A. 工厂方法（Factory Method） B. 构建器（Builder）
C. 原型（Prototype） D. 单例（Singleton）

● 链表不具有的特点是 (48) 。

(48) A. 插入、删除不需要移动元素 B. 可随机访问任一元素
C. 不必事先估计存储空间 D. 所需空间与线性长度成正比

● 输入序列为 A-B-C，当输出序列为 C-B-A 时，经过的栈操作是 (49) 。

(49) A. push,pop,push,pop,push,pop B. push,push,push,pop,pop,pop
C. push,push,pop,pop,push,pop D. push,pop,push,push,pop,pop

● 栈和队列都是 (50) 。

(50) A. 顺序存储的线性结构 B. 链式存储的非线性结构
C. 限制存储点的线性结构 D. 限制存取点的非线性结构

● 两个串相等的充分必要条件是 (51) 。

(51) A. 两个串长度相等
B. 两个串所包含的字符集合相等
C. 两个串长度相等且对应位置的字符相等
D. 两个串长度相等且所包含的字符集合相等

● 一棵高度为 5 的完全二叉树至多有 (52) 个节点。

(52) A. 10 B. 16 C. 31 D. 32

● 一棵二叉树的后序遍历序列为 D,A,B,E,C，中序遍历序列为 D,E,B,A,C，则先序遍历序列为 (53) 。

(53) A. A,C,B,E,D B. D,E,C,B,A C. D,E,A,B,C D. C,E,D,B,A

● 设有 13 个值，用它们组成一棵哈夫曼树，则哈夫曼树共有 (54) 个节点。

(54) A. 13 B. 12 C. 26 D. 25

● 在一棵三叉树中，度为 3 的节点数为 2，度为 2 的节点数为 1，度为 1 的节点数为 2，则度为 0 的节点数为 (55) 个。

(55) A. 4 B. 5 C. 6 D. 7

● (56) 的邻接矩阵是对称矩阵。

(56) A. 有向图 B. 无向图 C. AOV 网 D. AOE 网

● 图的深度优先遍历算法类似于二叉树的 (57) 算法。

(57) A. 先序遍历 B. 中序遍历 C. 后序遍历 D. 层次遍历

● 下面关于折半查找的叙述，正确的是 (58) 。

(58) A. 表必须有序，表可以顺序方式存储，也可以链式方式存储

B．表必须有序，而且只能从小到大排序
C．表必须有序，且表中关键字必须是整型、实型或字符型
D．表必须有序，且表只能以顺序方式存储

● 在求解某问题时，经过分析发现该问题具有最优子结构性质，求解过程中子问题被重复求解，则采用 __(59)__ 算法设计策略。以深度优先的方法搜索解空间，则采用 __(60)__ 算法设计策略。
(59) A．分治　　　　　　　B．动态规划　　　　C．贪心　　　　　　D．回溯
(60) A．动态规划　　　　　B．贪心　　　　　　C．回溯　　　　　　D．分治限界

● TCP/IP 是国际互联网（Internet）事实上的工业标准，它包含了多个协议，所以也称它为协议簇，或者协议栈。该协议簇的两个核心协议是其本身所指的两个协议集，即 __(61)__ 。
(61) A．共享协议和分享协议　　　　　　　B．用户数据报和分层协议
　　　C．传输控制协议和互联网络协议　　　D．远程控制协议和近程邮件协议

● 数据通信模型按照数据信息在传输链路上的传送方向，可以分为三类。下列选项中，__(62)__ 不属于这三类传输方式。
(62) A．单工通信：信号只能向一个方向传送
　　　B．半双工通信：信息的传递可以是双向的
　　　C．全双工通信：通信的双方可以同时发送和接收信息
　　　D．全单工通信：信号同时向两个方向传输

● 以太网（Ethernet）是一种计算机局域网技术，由美国 Xerox 等公司研发并推广。以太网协议定义了一系列软件和硬件标准，从而将不同的计算机设备连接在一起。以太网技术规范是一个工业标准，下列选项中不属于其技术规范的是 __(63)__ 。
(63) A．拓扑结构：总线型
　　　B．介质访问控制方式：CSMA/CD
　　　C．最大传输距离：2.5m（采用中继器）
　　　D．传输介质：同轴电缆（50Ω）或双绞线

● 从 IPv4 的地址构造来看，其表达的网络地址数是有限的。现在有一个 C 类地址 210.34.198.X，意味着这个地址唯一标识一个物理网络，该网络最多可以有 255 个节点。但若此时有多个物理网络要表示，且每个物理网络的节点数较少，则需要采用子网划分技术，用部分节点位数作为表达子网的位数。此处用节点数的前两位作为子网数，就可以区分 4 个子网了。此时其对应的子网掩码是 __(64)__ 。
(64) A．255.255.255.256　　　　　　　B．255.255.255.128
　　　C．255.255.255.198　　　　　　　D．255.255.255.192

● 以下 IP 地址中，属于网络 10.110.12.29/255.255.255.224 的主机 IP 的 __(65)__ 。
(65) A．10.110.12.0　　B．10.110.12.30　　C．10.110.12.31　　D．10.110.12.32

● 如果防火墙关闭了 TCP 和 UDP 端口 21、25 和 80，则可以访问该网络的应用是 __(66)__ 。
(66) A．FTP　　　　　B．Web　　　　　C．SMTP　　　　　D．Telnet

● __(67)__ 不属于数字签名的主要功能。
(67) A．保证信息传输的完整性　　　　　B．防止数据在传输过程中被窃取

C．实现发送者的身份认证　　　　D．防止交易者事后抵赖对报文的签名
- 防火墙不能实现 (68) 的功能。
  (68) A．过滤不安全的服务　　　　B．控制对特殊站点的访问
  　　　C．防止内网病毒传播　　　　D．限制外部网对内部网的访问
- DDoS（Distributed Denial of Service）攻击的目的是 (69) 。
  (69) A．窃取账户　　　　　　　　B．远程控制其他计算机
  　　　C．篡改网络上传输的信息　　D．影响网络提供正常的服务
- 安全机制是实现安全服务的技术手段，一种安全机制可以提供多种安全服务，而一种安全服务也可采用多种安全机制。加密机制不能提供的安全服务是 (70) 。
  (70) A．数据保密性　　B．访问控制　　C．数字签名　　D．认证
- Cloud computing is a phrase used to describe a variety of computing concepts that involve a large number of computers (71) through a real-time communication network such as the Internet. In science, cloud computing is a (72) for distributed computing over a network, and means the (73) to run a program or application on many connected computers at the same time.

  The architecture of a cloud is developed at three layers: infrastructure, platform, and application. The infrastucture layer is built with virtualized computing, storage and network resources. The platform layer is for general-purpose and repeated usage of the collection of software resources. The application layer is formed with a collection of all needed software modules for SaaS applications. The infrastucture layer serves as the (74) for building the platform layer of the cloud. In turn, the platform layer is foundation for implementing the (75) layer for SaaS application.

  (71) A．connected　　B．implemented　　C．optimized　　D．virtualized
  (72) A．replacement　B．switch　　　　C．substitute　　D．synonym（同义词）
  (73) A．ability　　　B．approach　　　C．function　　　D．method
  (74) A．network　　　B．foundation　　C．software　　　D．hardware
  (75) A．resource　　　B．service　　　C．application　　D．software

软件设计师 机考试卷第 5 套
应用技术卷

试题一（15 分）

某大学欲开发一个基于 Web 的课程注册系统。该系统的主要功能如下。
1. 验证输入信息
　（1）检查学生信息。检查学生输入的所有注册所需信息，如果信息不合法，返回学生信息不合法提示；如果合法，输出合法学生信息。
　（2）检查学位考试信息。检查学生提供的学位考试结果，如果不合法，返回学位考试结果不合法提示；如果合法，检查该学生注册资格。
　（3）检查学生资格。根据合法学生信息和合法学位考试结果，检查该学生对欲选课程的注册资格。如果无资格，返回无注册资格提示；如果有资格，则输出注册学生信息（包含选课学生标识）和欲注册课程信息。
2. 处理注册申请
　（1）存储注册信息。将注册学生信息记录在学生库。
　（2）存储所注册课程。将选课学生标识与欲注册课程进行关联，然后存入课程库。
　（3）发送注册通知。从学生库中读取注册学生信息，从课程库中读取所注册课程信息，给学生发送接受提示；给教务人员发送所注册课程信息和已注册学生信息。

现采用结构化方法对课程注册系统进行分析和设计，获得如图 1-1 所示的 0 层数据流图和图 1-2 所示的 1 层数据流图。

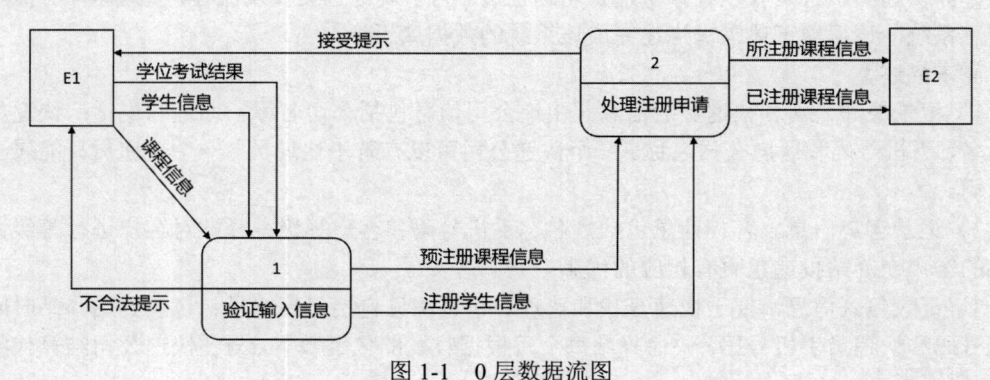

图 1-1　0 层数据流图

【问题 1】（2 分）
使用说明中的词语，给出图 1-1 中的实体 E1 和 E2 的名称。

【问题2】(2分)
使用说明中的词语，给出图1-2中的数据存储D1和D2的名称。

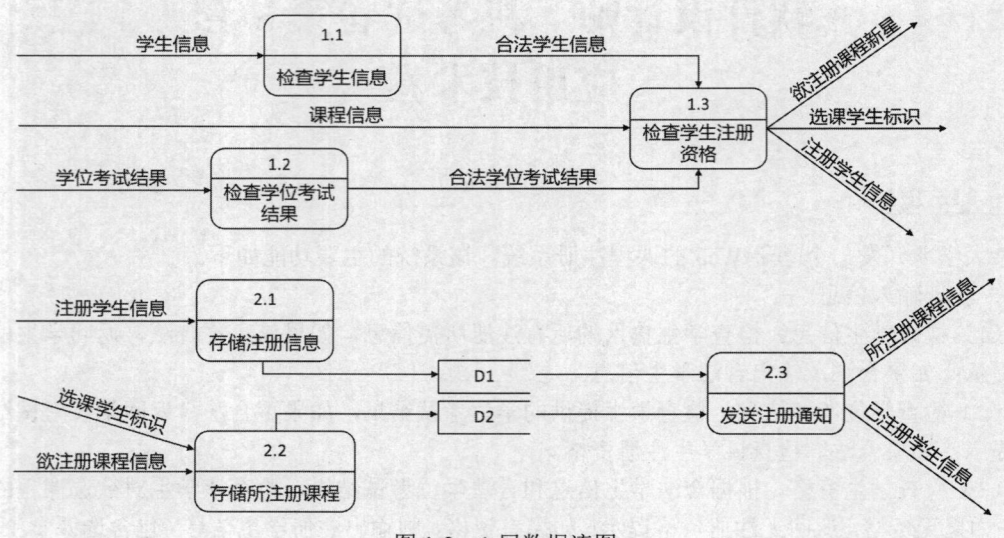

图1-2 1层数据流图

【问题3】(8分)
根据说明和图中术语，补充图1-2中缺失的数据流及其起点和终点。

【问题4】(3分)
上层的哪些数据流是由下层的哪些数据流组合而成的？

试题二（15分）

某小区快递驿站代为收发各家快递公司的包裹。为了规范包裹收发流程，提升效率，需要开发一个信息系统。请根据下述需求描述完成该系统的数据库设计。

【需求描述】

（1）记录快递公司和快递员的信息。快递公司信息包括公司名称、地址和电话；快递员信息包括姓名、手机号码和所属公司名称。一个快递公司可以有若干快递员，一个快递员只能属于一家快递公司。

（2）记录客户信息。客户信息包括姓名、手机号码和客户等级。驿站对客户进行等级评定，等级高的客户在驿站投递包裹有相应的优患。

（3）记录包裹信息，便于快速查找和管理。包裹信息包括包裹编号、包裹到达驿站时间、客户手机号码和快递员手机号码。快递驿站每个月根据收发的包裹数量，与各快递公司结算代收发的费用。

【概念模型设计】

根据需求阶段收集的信息，设计的部分实体联系图（又称"E-R图"）如图2-1所示。

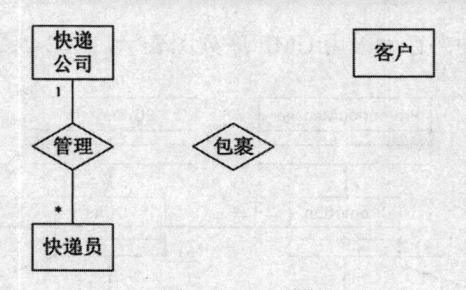

图 2-1 E-R 图

【逻辑结构设计】
根据概念模型设计阶段完成的 E-R 图，得出如下关系模式（不完整）：
快递公司（公司名称，地址，电话）
快递员（姓名，快递员手机号码，__(a)__）
客户（姓名，客户手机号码，客户等级）
包裹（编号，到达时间，__(b)__，快递员手机号码）

【问题 1】（6 分）
根据问题描述，补充图 1-1 的 E-R 图。

【问题 2】（4 分）
补充逻辑结构设计结果中的（a）、（b）两处空缺及完整性约束关系。

【问题 3】（5 分）
若快递驿站还兼有代缴水电费业务，请增加新的"水电费缴费记录"实体，并给出客户和水电费缴费记录之间的"缴纳"联系，对图 2-1 进行补充。"水电费缴费记录"实体包括编号、客户手机号码、缴费类型、金额和时间，请给出"水电费缴费记录"关系模式的完整性约束。

试题三（15 分）

阅读下列说明和图，回答问题 1 至问题 3，将解答填入对应栏内。

【说明】
S 公司开办了在线电子商务网站，主要为各注册的商家提供在线商品销售功能。为更好地吸引用户，S 公司计划为注册的商家提供商品（Commodity）促销（Promotion）功能。商品的分类（Category）不同，促销的方式和内容也会有所不同。

注册商家可发布促销信息。商家首先要在自己所销售的商品的分类中，选择促销涉及的某一具体分类，然后选出该分类的一个或多个商品（一种商品仅仅属于一种分类），接着制定出一个比较优惠的折扣政策和促销活动的优惠时间，最后由系统生成促销信息并将该促销信息公布在网站上。

商家发布促销信息后，网站的注册用户便可通过网站购买促销商品。用户可选择参与某一个促销活动，并选择具体的促销商品，输入购买数量等购买信息。系统生成相应的一份促销订单（Porder）。只要用户在优惠活动的时间范围内，通过网站提供的在线支付系统，确认在线支付该促销订单（即完成支付），就可以优惠的价格完成商品的购买活动，否则该促销订单失效。

系统采用面向对象方法开发，系统中的类以及类之间的关系用 UML 类图表示，图 3-1 是该系

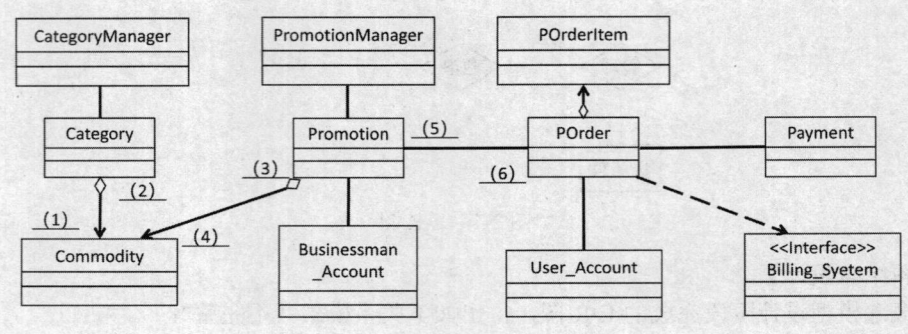

统类图中的一部分；系统的动态行为采用 UML 序列图表示，图 3-2 是发布促销的序列图。

图 3-1 类图（部分）

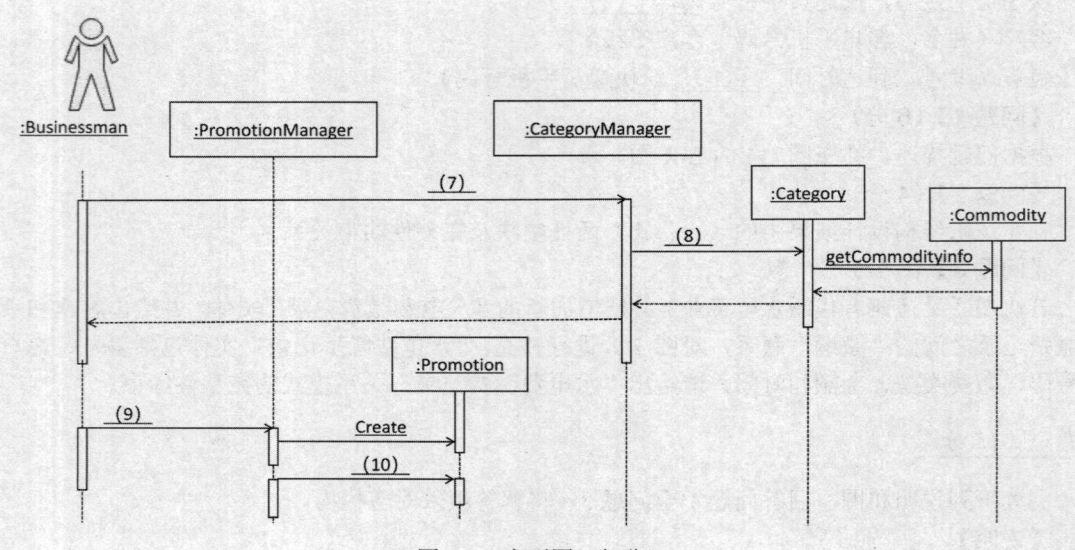

图 3-2 序列图（部分）

【问题 1】（6 分）

识别关联的多重度是面向对象建模过程中的一个重要步骤。根据说明中给出的描述，完成图 3-1 中的空（1）～（6）。

【问题 2】（4 分）

请从表 3-1 中选择方法，完成图 3-2 中的空（7）～（10）。

表 3-1 可选消息列表

功能描述	方法名
向促销订单中添加所选的商品	buyCommodities
向促销中添加要促销的商品	addCommodities

续表

功能描述	方法名
查找某个促销的所有促销订单信息列表	getPromotionOrders
生成商品信息	createCommodity
查找某个分类中某商家的所有商品信息列表	getCommodities
生成促销信息	createPromotion
生成促销订单信息	createPOrder
查找某个分类的所有促销信息列表	getCategoryPromotion
查找某商家所销售的所有分类列表	getCategories
查找某个促销所涉及的所有商品信息列表	getPromtionCommodities

【问题 3】（5 分）

关联（Association）和聚合（Aggregation）是 UML 中两种非常重要的关系。请对关联和聚合的关系进行解释，并说明其不同点。

试题四（15 分）

阅读下列说明和 C 代码，补充完成代码中空缺处的内容。

【说明】

设某一机器由 n 个部件组成，每一个部件都可以从 m 个不同的供应商处购得。供应商 j 供应的部件 i 具有重量 w_{ij} 和价格 c_{ij}。设计一个算法，求解总价格不超过上限 cc 的最小重量的机器组成。

采用回溯法来求解该问题：

首先定义解空间。解空间由长度为 n 的向量组成，其中每个分量取值来自集合{1, 2, …, m)，将解空间用树形结构表示。

接着从根节点开始，以深度优先的方式搜索整个解空间。从根节点开始，根节点成为活节点，同时也成为当前的扩展节点。向纵深方向考虑第一个部件从第一个供应商处购买，得到一个新节点。判断当前的机器价格（c_{11}）是否超过上限（cc），重量（w_{11}）是否比当前已知的解（最小重量）大，若是，应回溯至最近的一个活节点；若否，则该新节点成为活节点，同时也成为当前的扩展节点，根节点不再是扩展节点。继续向纵深方向考虑第二个部件从第一个供应商处购买，得到一个新节点。同样判断当前的机器价格（$c_{11}+c_{21}$）是否超过上限（cc），重量（$w_{11}+w_{21}$）是否比当前已知的解（最小重量）大。若是，应回溯至最近的一个活节点；若否，则该新节点成为活节点，同时也成为当前的扩展节点，原来的节点不再是扩展节点。以这种方式递归地在解空间中搜索，直到找到所要求的解或者解空间中无活节点为止。

【C 代码】

下面是该算法的 C 语言实现。

（1）变量说明。

n：机器的部件数。

m：供应商数。
cc：价格上限。
w[][]：二维数组，w[i][j]表示第 j 个供应商供应的第 i 个部件的重量。
c[][]：二维数组，c[i][j]表示第 j 个供应商供应的第 i 个部件的价格。
bestW：满足价格上限约束条件的最小机器重量。
bestC：最小重量机器的价格。
bestX[]：最优解，一维数组，bestX[i]表示第 i 个部件来自哪个供应商。
cw：搜索过程中机器的重量。
cp：搜索过程中机器的价格。
x[]：搜索过程中产生的解，x[i]表示第 i 个部件来自哪个供应商。
i：当前考虑的部件，从 0 到 n-1。
j：循环变量。

（2）函数 backtrack(i)。

```
int n=3;
int m=3;
int cc=4;
int w[3][3]={{1,2,3},{3,2,1},{2,2,2}};
int c[3][3]={{1,2,3},{3,2,1},{2,2,2}};
int bestW=8;
int bestC=0;
int bestX[3]={0,0,0};
int cw=0;
int cp=0;
int x[3]={0,0,0};
int backtrack (int i){
    int j=0;
    int found=0;
    if(i>n-1){  /*得到问题解*/
    bestW=cw;
    bestC=cp;
    for(j=0; j<n;  j++){   (1)   ;}
    return 1;}
    if (cp<=cc){/*有解*/
    found=1;}
    for(j=0;   (2)   ;  j++){
        /*第 i 个部件从第 j 个供应商购买*/
           (3)   ;
        cw=cw+w[i][j];
        cp=cp+c[i][j];
        if (cp<=cc&&   (4)   ){    /*深度搜索,扩展当前节点*/
            if(backtrack(i+1)){ found =1; }
            }
```

```
        /*回溯*/
            cw=cw - w[i] [j];
            ___(5)___ ;}
    return found;
}
```

试题五（15 分）

阅读以下说明和 C++代码，填补代码中的空缺，将解答填入答题区的对应栏。

【说明】

在股票交易中，股票代理根据客户发出的股票操作指示进行股票的买卖操作，其类图如图 5-1 所示，相应的 C++代码附后。

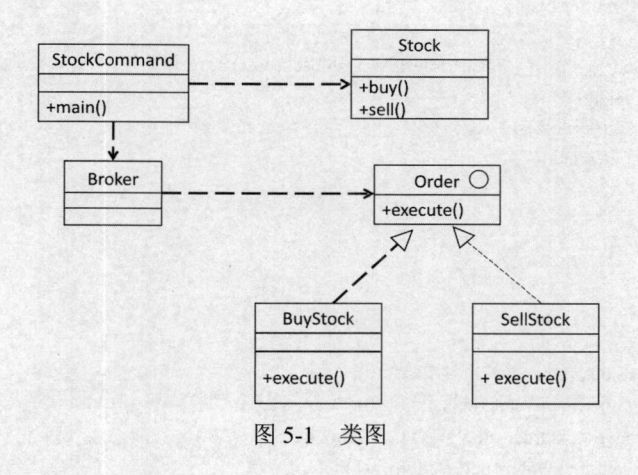

图 5-1 类图

【C++代码】

```cpp
#include<iostream>
#include<string>
#include<vector>
using namespace std;
class Stock {
    private:
        string name;
        int quantity;
    public:
        Stock(string name, int quantity) {this->name=name; this->quantity =quantity;}
        void buy() {cout<<"[买进]股票名称:"<<name<<",数量:"<<quantity<< endl;}
        void sell() {cout<<"[卖出]股票名称:"<<name<<",数量:"<<quantity <<endl;}
};

class Order{
    public:
        virtual void execute()=0;
```

```
    };
class BuyStock:___(1)___{
    private:
        Stock* stock;
    public:
        BuyStock(Stock* stock){___(2)___=stock;}
        void execute(){stock->buy();}
    };

//类 SellStock 的实现与 BuyStock 类似,此处略
class Broker{
    private:
        vector<Order*> orderList;
    public:
        void takeOrder(___(3)___order){orderList.push_back(order);}
        void placeOrders(){
            for(int i=0;i<orderList.size(); i++){___(4)___->execute();}
            orderList.clear();
            }
    };

class StockCommand{
    public:
        void main(){
            Stock *aStock=new Stock("股票 A",10);
            Stock *bStock=new Stock("股票 B",20);
            Order *buyStockOrder=new BuyStock(aStock);
            Order * sellStockOrder=new SellStock(bStock);
            Broker* broker=new Broker();
            broker->takeOrder(buyStockOrder);
            broker->takeOrder(sellStockOrder);
            broker->___(5)___;}
    };

int main(){
    StockCommand * stockCommand=new StockCommand();
    StockCommand->main();
    delete stockCommand; }
```

试题六（15分）

阅读以下说明和 Java 代码,填补代码中的空缺,将解答填入答题区的对应栏。

【说明】

在股票交易中,股票代理根据客户发出的股票操作指示进行股票的买卖操作。其类图如图 6-1 所示。相应的 Java 代码附后。

图 6-1 类图

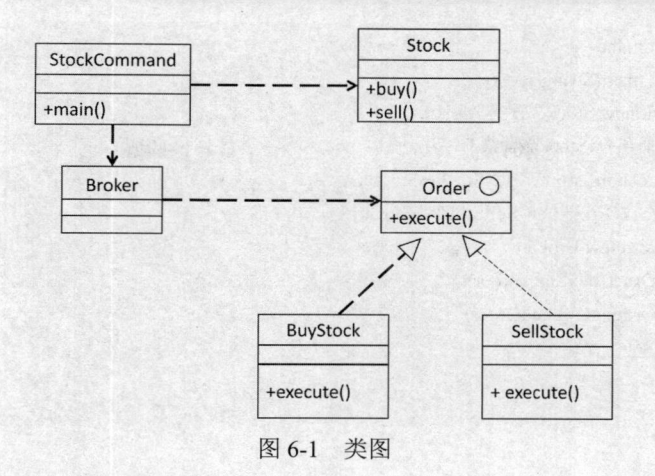

【Java 代码】

```
import Java.util.ArrayList;
import java.util.List;
ClassStock{
    private String name;
    private int quantity;
    public Stock(String name,int quantity){
        this.name=name;this.quantity=quantity;}
    public void buy(){System.out.println("[买进]:"+name+",数量:" +quantity);}
    public void sell() {System.out.println("[卖出]:"+name+",数量:"+quantity);}
}

interface Order {void execute();}

class BuyStock___(1)___Order {
    private Stock stock;
    public BuyStock(Stock stock){___(2)___=stock;}
    public void execute(){stock.buy();}
}

//类 SellStock 实现和 BuyStock 类似,略
classBroker{
    private List<Order>orderList=new ArrayList<Order>();
    public void takeOrder(___(3)___order){orderList.add(order); }
    public void placeorders(){
        for {___(4)___order:orderList) {order.execute();}
        orderList.clear();}
}
```

```
public class StockCommand {
    public static void main(String[]args){
        Stock aStock:new Stock("股票 A",10);
        Stock bStock=new Stock("股票 B",20);
        Order buyStockorder=new BuyStock(aStock);
        Order sellStockOrder=new SellSt0Ck(bStoCk);
        Broker broker=new Broker();
        broker.takeOrder(buyStockorder);
        broker.takeOrder(sellStockOrder);
        broker.   (5)   ;
    }
}
```

软件设计师 机考试卷第5套
基础知识卷参考答案/试题解析

（1）**参考答案**：D

试题解析 CPU 的速度远远高于主存，高速缓存（Cache）是位于 CPU 和主存之间的一种存储器，速度高于主存。Cache 保存的内容是 CPU 经常访问的数据，当 CPU 需要再次访问该部分数据时，就不用再从主存中读取，节约了 CPU 的工作时间。

Cache 的内容是主存一部分内容的复制。而当 CPU 访问主存时，访问的是主存的地址，因此需要采用一种"地址变换"的方式将主存地址"转换"为 Cache 的地址。这种变换的方式是由计算机硬件自动完成的。

（2）**参考答案**：C

试题解析 无条件传送：在此情况下，外设总是准备好的，它可以无条件地随时接收 CPU 发来的输出数据，也能够无条件地随时向 CPU 提供需要输入的数据。

程序查询方式：在这种方式下，利用查询方式进行输入、输出，就是通过 CPU 执行程序查询外设的状态，判断外设是否准备好接收数据或准备好向 CPU 输入数据。

中断方式：这种方式允许 CPU 通过分时操作启动多个外设同时工作，并对它们进行统一管理。当任何一个设备工作完成后，通过中断通知 CPU，CPU 响应中断，在中断服务子程序中为它安排下一工作。这样可以避免 CPU 和低速外部设备交换信息时的等待和查询，大大提高了 CPU 的工作效率。

直接主存存取（Direct Memory Access，DMA）：在主存与 I/O 设备间传送数据块的过程中，不需要 CPU 作任何干涉，只需在过程开始启动（即向设备发出传送一块数据的命令）与过程结束（CPU 通过轮询或中断得知过程是否结束和下次操作是否准备就绪）时由 CPU 进行处理，实际操作由 DMA 硬件直接完成，CPU 在传送过程中可做别的事情。

（3）**参考答案**：B

试题解析 CPU 由运算器和控制器组成。CPU 只能直接访问存储在内存中的数据，外存中的数据只有先调入内存后，才能被中央处理器访问和处理。

（4）**参考答案**：B

试题解析 海明码是一种可以检出并纠正一位差错或仅检出两位同时差错的编码，它利用奇偶校验来检错和纠错，基本思路是给传输的数据增加 r 个校验位，从而增加海明码的码距。

一个编码系统中任意两个合法编码（码字）之间不同的二进数位数称为这两个码字的码距，而整个编码系统中任意两个码字的最小距离就是该编码系统的码距。为了使一个系统能检查和纠正一个差错，码间最小距离必须至少是 3。

循环冗余校验码（CRC）编码是在 k 位信息码后再拼接 r 位的校验码，形成长度为 n=k+r 位的编码，其特点是检错能力极强且开销小，易于用编码器及检测电路实现，但不能纠错。

循环冗余校验码的码距不一定为 1。

（5）（6）参考答案：C D

试题解析 内存地址是从 A4000H 到 CBFFFH，因此共有 CBFFFH-A4000H+1=27FFFH+1=28000H=2^{17}+2^{15}=2^{10}×(2^7+2^5)=2^{10}×2^5×(2^2+2^0)=160×1024=160K 个存储单元（字节）。由于内存按字节编址，故该内存共有 160K×8bit，而每块内存的容量为 32K×4bit，因此共需内存的片数为 (160K×8bit)/(32K×4bit)=10。

（7）参考答案：A

试题解析 ICMP（Internet Control Message Protocol）即 Internet 控制报文协议。它是 TCP/IP 协议族的一个子协议，用于在 IP 主机、路由器之间传递控制消息。控制消息是指网络通不通、主机是否可达、路由是否可用等网络本身的消息。这些控制消息虽然并不传输用户数据，但是对于用户数据的传递起着重要的作用。

（8）参考答案：C

试题解析 201.156.19.22/21 表示有 21 位为网络位，因此，子网掩码的前 21 位为 1，后 11 位为 0，即 1111 1111 1111 1111 1111 1000 0000 0000。以每八位为一段译成十进制，则为 255.255.248.0。

（9）参考答案：D

试题解析 网站的速度慢，说明不是无法访问，因此可以排除没有访问权限。

（10）参考答案：D

试题解析 信息安全的基本属性包括机密性、可用性、完整性等。

（11）参考答案：C

试题解析 单工是指数据只能向一个方向上传输，不能实现双方通信，如电视、广播。

半双工指允许数据在两个方向上传输，但是同一时间数据只能在一个方向上传输，其实际上是切换的单工，如对讲机。

全双工指允许数据在两个方向上同时传输，如手机通话。

（12）（13）参考答案：B D

试题解析 155.32.80.192/27 表示 32 位长度的 IP 地址中，前 27 位是网络前缀，后 5 位是主机号，因此包括的主机地址个数为 2^5-2=30。主机地址范围为 155.32.80.193~155.32.80.222，显然 155.32.80.253 不属于这个网络。

（14）参考答案：A

试题解析 根据《中华人民共和国商标法实施条例》第十九条规定：两个或者两个以上的申请人，在同一种商品或者类似商品上，分别以相同或者近似的商标在同一天申请注册的，各申请人应当自收到商标局通知之日起 30 日内提交其申请注册前在先使用该商标的证据。同日使用或者均未使用的，各申请人可以自收到商标局通知之日起 30 日内自行协商，并将书面协议报送商标局；

不愿协商或者协商不成的，商标局通知各申请人以抽签的方式确定一个申请人，驳回其他人的注册申请。商标局已经通知但申请人未参加抽签的，视为放弃申请，商标局应当书面通知未参加抽签的申请人。

（15）**参考答案**：A

试题解析 署名权、修改权、保护作品完整权没有时间限制。

（16）（17）（18）（19）（20）（21）**参考答案**：B A C D D C

试题解析 开闭原则要求一个软件实体应当对扩展开放，对修改关闭。也就是说，我们在设计一个模块时，应当使这个模块可以在不被修改的前提下被扩展，换句话说就是，应当可以在不必修改源代码的情况下改变这个模块的行为。

里氏替换原则是对开-闭原则的补充，它要求子类只能对父类进行扩充，而不能修改父类原有的功能。"在里氏代换原则中，任何可基类对象可以出现的地方，子类对象也一定可以出现"，其本质是指：子类中一定包含了父类所拥有的所有功能，因此只要父类能干的活，子类都能干。

依赖倒转原则也称依赖倒置原因，它强调（编程）要依赖于抽象，不要依赖于具体。也就是常说的要针对接口编程（接口是对功能的抽象），不要（直接）针对实现编程。这个原则的本质，是要求开发人员尽量先根据具体的需求抽象出对应的功能接口，然后再去实现该接口，这样就把实现代码与功能本身进行了分离，实现代码可以随意变，但不会对使用功能的人造成任何影响。

（22）**参考答案**：A

试题解析 解释器（Interpreter）也称直译器，它是一种程序，通过它能够把高级编程语言一行一行地直接转译运行。先将高级语言程序转换为字节码（即中间代码）的是编译器。

（23）**参考答案**：B

试题解析 编译是将高级语言源程序翻译成机器语言程序的过程，包括词法分析、语法分析、语义分析、中间代码生成、代码优化、目标代码生成等阶段。

语义错误是指程序在逻辑方面的错误，例如变量类型不匹配、错误的函数调用等。这些错误在编译时通常不会被发现，而是在程序运行时才会暴露出来。

编译过程中的语义分析，能够发现很多的语义错误，如"以实数作为数组下标""运算对象缺少或与运算符不匹配"等，它的很多语义错误是在编译过程无法发现的，如在某处表达式中本应是变量 a 但你写成了变量 b，这虽然在语义上是错误的，但也能编译成功。

（24）**参考答案**：C

试题解析 程序运行时内存布局分为代码区、栈区、堆区和静态数据区。全局变量和静态变量的存储空间在静态数据区分配。函数中定义的局部变量的存储空间是在栈区动态分配的，随着函数被执行而为其分配存储空间，当函数执行结束后由系统回收。

（25）（26）**参考答案**：B B

试题解析 在有限自动机的状态转换图中，每一个节点代表一个状态，其中双圈是终态节点。

本题中对于状态 1，如果输入 a，则可能回到状态 1，也可能转换到状态 2，因此这是一个非确定型自动机。

分析题中给出的自动机：从初态 0 出发，识别一个符号 a 后进入状态 1，在状态 1 可识别出任意个 a 或（和）任意个 b，但无论如果，在状态 1 时，只有接收到 a 时才可能进入终态 2，因此最后一个字符一定是 a。显然，该自动机识别的语言特点是"由 a 开头由 a 结尾，期间的 a、b 任意排列"。用正规式表示为"a(a|b)*a"。

（27）**参考答案**：C

试题解析 处于就绪状态的进程，一旦获得 CPU 即进入运行状态，也就是说，处于就续状态的进程，除了缺 CPU 外其他什么条件都不缺了。

（28）**参考答案**：A

试题解析 s>0 如 s=2 则表示有 2 个可用资源，s<0 表示有|s|个进程在等待资源，s=0 表示没有可用资源。

（29）**参考答案**：D

试题解析 虚拟内存是一种内存管理技术，它通过使用硬盘空间来扩展计算机的物理内存，从而解决内存不足的问题。当计算机的物理内存（RAM）不足以满足程序运行需求时，虚拟内存技术会将一部分硬盘空间用作虚拟内存，系统自动将内存中一些不常用的数据转移到硬盘上的虚拟内存中，以释放物理内存空间。

（30）**参考答案**：A

试题解析 每一张飞机票都是具有唯一性的资源，但又是面向所有乘客销售的，因此飞机票是互斥资源。

（31）**参考答案**：D

试题解析 等价类划分是一种黑盒测试技术，它将程序的输入域划分为若干等价类，然后从每个等价类中选取一个代表性数据作为测试用例。本题的等价类可以划分为三个等价类：①有效等价类中，班委来自集合{班长，副班长，学习委员，生活委员}，年龄在 15～25；②无效等价类 I 中，班委不来自集合{班长，副班长，学习委员，生活委员}，而年龄在 15～25；③无效等价类中，班委来自集合{班长，副班长，学习委员，生活委员}，而年龄不在 15～25。

本题中，选项 A 属于无效等价类，选项 B 和选项 C 都属于交效等价类，而选项 D 则不属于任何等价类，因此不是一个好的测试用例。

（32）**参考答案**：A

试题解析 软件维护的类型一般有四类：更正性维护、适应性维护、完善性维护和预防性维护。防错性的程序设计可以减少在系统运行时发生错误，因此可以有效地控制更正性维护成本。

（33）**参考答案**：D

试题解析 采用面向对象开发方法时，对象是系统运行时基本实体。它既包括数据（属性），也包括作用于数据的操作（行为）。一个对象通常可由对象名、属性和操作三部分组成。

（34）（35）**参考答案**：D A

试题解析 面向对象技术中，类是对一组对象的共同特征的抽象。在类定义时，属性声明为 private 的目的是实现数据隐藏，以免意外更改。

（36）**参考答案**：B

●**试题解析**　在面向对象软件开发中，对象是软件系统中基本的运行时实体，对象封装了属性和行为。封装是一种信息隐藏技术，其目的是使对象的使用者和生产者分离，使对象的定义和实现分离。

（37）**参考答案**：D

●**试题解析**　适配器（Adapter）模式是将类的接口转换成客户希望的另外一个接口，使得原本由于接口不兼容而不能一起工作的那些类可以一起工作。Bridge（桥接）模式将对象的抽象和其实现分离，从而可以独立地改变它们。组合（Composite）模式描述了如何构造类的层次式结构。装饰器（Decorator）模式的意图是动态地给一个对象添加一些额外职责，在需要给某个对象而不是整个类添加一些功能时使用。

（38）**参考答案**：B

●**试题解析**　适配器（Adapter）模式是将类的接口转换成客户希望的另外一个接口。代理（Proxy）模式通过提供与对象相同的接口来控制对这个对象的访问，从而用户与原对象的隔离。

（39）**参考答案**：D

●**试题解析**　UML 2.0 提供多种视图，其中的部署图用来显示系统软件与硬件的物理架构。通过部署图可了解到软件与硬件的物理关系，以及处理节点的组件分布情况。因此，部署图通常在实施阶段使用，以获得哪些组件或子系统部署于哪些节点的信息。

（40）**参考答案**：D

●**试题解析**　原型化方法也称为快速原型法，或者简称为原型法，它是一种根据用户初步需求利用系统开发工具，快速地建立一个系统模型展示给用户，在此基础上与用户交流，最终实现用户需求的信息系统快速开发的方法。

（41）**参考答案**：B

●**试题解析**　数据库概念结构设计阶段是在需求分析的基础上，依照需求分析中的信息要求，对用户信息加以分类、聚集和概括，建立信息模型，并依照选定的数据库管理系统软件，转换成为数据的逻辑结构，再依照软硬件环境最终实现数据的合理存储。这一过程也称为数据建模。

概念结构设计最常用的工具是 E-R 图，它采用 E-R 模型将现实世界的信息结构统一由实体、属性，以及实体之间的联系来描述。

（42）（43）**参考答案**：B　D

●**试题解析**　由于部门名是唯一的，因此在"部门名 CHAR(10)"后应有"UNIQUE"。负责人来自员工关系,而员工关系的主键是员工号,所以部门关系中的负责人，需要使用 FOREIGN KEY (负责人) 把"负责人"设置为外键，这个外键来自员工表的员工号，因此需通过 REFERENCES 员工 (员工号) 来约束。

（44）（45）**参考答案**：C　D

●**试题解析**　事物是模型中的基本成员。UML 中的事物包括结构事物、行为事物、分组事物和注释事物。

结构事物：模型中静态部分。类（Class）、接口（Interface）、协作（Collaboration）、用例（UseCase）、活动类、组件（Component）、节点（Node）都属于结构事物。

行为事物：模型中的动态部分。交互、状态机属于行为事物。

分组事物：目前只有一种分组事物，即包（Package）。结构事物、动作事物，甚至分组事物都有可能放在一个包中。包纯粹是概念上的，只存在于开发阶段，而组件在运行时存在。

注释事物：注释事物是 UML 模型的解释部分。

（46）**参考答案**：A

✦**试题解析** 顾名思义即可得出答案。

（47）**参考答案**：A

✦**试题解析** 常见的面向对象的创建型模式有：工厂方法模式（Factory Method），抽象工厂模式（Abstract Factory），构建器模式（Builder），原型模式（Prototype），单例模式（Singleton）。其中工厂方法（Factory Method）属于创建型类模式，它通过子类来决定创建的对象类型，基于类的继承实现。构建器（Builder）、原型（Prototype）、单例（Singleton）均属于创建型对象模式，它们通过对象组合或委托来完成创建过程。

（48）**参考答案**：B

✦**试题解析** 随机访问是顺序表的特点。

（49）**参考答案**：B

✦**试题解析** 栈的基本特点是先进后出。只有把输入序列一次性全部入栈，然后再全部出栈，才能得到题干所说的出栈序列。

（50）**参考答案**：C

✦**试题解析** 线性表分为顺序表、链表。链表包括栈和队列。而栈和队列都是限制存取点的线性结构——队列只能先进先出（尾进头出），栈只能先进后出（顶进顶出）。

（51）**参考答案**：C

✦**试题解析** 两个串长度相等且对应位置的字符相等，才能判定两个串相等，反之亦然。

（52）**参考答案**：C

✦**试题解析** 高度一定，节点数最多的完全二叉树即为同高度的满二叉树，高度为 5 的完全二叉树节点最多为 $2^0+2^1+2^2+2^3+2^4=2^5-1=31$（个）。

（53）**参考答案**：D

✦**试题解析** 先序遍历也称先根遍历，其遍历次序为"根-左-右"；中序遍历也称中根遍历，其遍历次序为"左-根-右"；后序遍历也称后根遍历，其遍历次序为"左-右-根"。

先根据后序序列确定整棵树的根节点（后序序列中的最后一个节点即为根节点），再根据中序序列判断左、右子树中节点的情况，最终得到二叉树如下图。易知先序遍历的序列为 C-E-D-B-A。

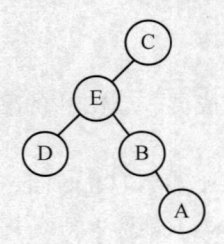

(54)**参考答案**：D

✏**试题解析**　哈夫曼树的特点是没有度为 1 的节点，即所有节点，其度数或为 0 或为 2，而度为 0 的就是叶子节点，由题意可知，13 个值对应的是哈夫曼树的 13 个叶子节点，因此，根据叶子节点数与总节点数的关系可知，总节点数=13*2-1=25。

(55)**参考答案**：C

✏**试题解析**　在树中，一个节点的度等于该节点所拥有的孩子的数量。因此易知：①树的节点数等于所有节点度数的和加 1；②对于 n 叉树，其任意节点的最大度数为 $n-1$；③所有叶子节点的度数为 0。

设叶子节点数为 x，则 2+1+2+x=2×3+1×2+2×1+x×0+1。

解得：x=6。

(56)**参考答案**：B

✏**试题解析**　无向图采用邻接矩阵做存储结构，则邻接矩阵一定是对称的。因为，在无向图中，若 A 与 B 邻接，而 B 必与 A 邻接。

(57)**参考答案**：A

✏**试题解析**　先根遍历是先访问根，然后再访问左孩子，然后再访问左孩子的左孩子……一直到底。这类似于对图进行深度遍历。

(58)**参考答案**：D

✏**试题解析**　折半查找是基于随机访问的算法，因此必须基于顺序表而不能用链表。

(59)(60)**参考答案**：B　C

✏**试题解析**　动态规划算法（Dynamic Programming，DP）是一种通过将复杂问题分解为若干个简单的子问题，并存储子问题的解以避免重复计算，从而提高计算效率的方法。其核心思想是将大问题分解为小问题，通过保存子问题的中间结果，使得需要重复计算的子问题只需计算一次。

回溯法（深度优先搜索）作为基本的搜索算法之一，采用的是一种"一只向下走，走不通就掉头"的思想（体会"回溯"二字），相当于采用了先根遍历（相当于深度优先）的方法来构造搜索树。

(61)**参考答案**：C

✏**试题解析**　TCP（Transmission Control Protocol）即传输控制协议；IP（Internet Protocol）即互联网络协议。

(62)**参考答案**：D

✏**试题解析**　单工数据传输是只支持数据在一个方向上传输，在同一时间只有一方能接受或发送信息，不能实现双向通信，比如：电视、广播。

半双工数据传输：允许数据在两个方向上传输，但是在某一时刻只允许数据在一个方向上传输。半双工数据传输实际上是一种切换方向的单工通信，在同一时间只可以有一方接受或发送信息，可以实现双向通信。比如：对讲机。

全双工数据通信：允许数据同时在两个方向上传输，因此全双工通信是两个单工通信方式的结合。全双工数据通信要求发送设备和接收设备都有独立的接收和发送能力，在同一时间可以同时接受和发送信息，实现双向通信，比如：电话通信。

（63）参考答案：C

☏试题解析　标准以太网也称为粗缆以太网，粗缆以太网的主要技术规范有：总线拓扑结构；每一个干线段最远距离 500m（使用 3COM 收发器时 1000 米）；一个以太网最多可有 5 个干线段；最大网络干线电缆长度 2500m；收发器之间最小距离为 2.5 m；收发器电缆最大长度为 50m；每个干线段最多站点为 100 个；传输速率为 10Mb/s。

（64）参考答案：D

☏试题解析　本题需要将网络划分为 4 个子网，所以需要向原来主机位借 2 位来表示子网，用子网掩码来表示的话，网络号与子网号部分都是 1，主机号部分是 0。即 255.255.255.192，也就是 11111111.11111111.11111111.11000000。

（65）参考答案：B

☏试题解析　子网掩码为 255.255.255.224，说明 IP 地址中有 27 位表示网络位，剩下 5 位表示主机位，主机位的范围为 00000~11111，即 0~31，由于主机位全为 0 的地址用于该网络的网络地址，主机位全为 1 的地址用于该网络的广播地址，因此该网段可用的主机位范围为 1~30。

（66）参考答案：D

☏试题解析　80 是 HTTP 的端口号，25 是 SMTP 的端口号，21 是 FTP 的端口号。

（67）参考答案：A

☏试题解析　数字签名（又称公钥数字签名、电子签章）类似于普通的物理手写签名，它使用了公钥加密领域的技术，是一种用于鉴别数字信息的方法。数字签名的主要功能是保证信息传输的完整性、发送者的身份认证、防止抵赖。

（68）参考答案：C

☏试题解析　防火墙的主要功能有过滤进出网络的数据、管理进出网络的访问行为、封堵某些访问业务、记录通过防火墙的信息内容和活动、对网络攻击检测和告警等。

（69）参考答案：D

☏试题解析　分布式拒绝服务攻击（Distributed Denial of Service，DdoS）是指处于不同位置的多个攻击者同时向一个或数个目标发动攻击，或者一个攻击者控制了位于不同位置的多台机器并利用这些机器对受害者同时实施攻击，使得被攻击者无法提供正常服务。由于攻击的发出点是分布在不同地方的，这类攻击称为分布式拒绝服务攻击，其中的攻击者可以有多个。

（70）参考答案：B

☏试题解析　加密机制可以提供的安全服务包括：①数据保密：通过加密技术，可以将纯文本消息转变为不可读的已加密文本，从而保护数据的机密性；②鉴别：确保信息的真实性和完整性，防止数据被篡改；③完整性：确保数据在传输过程中未被篡改，保持数据的原始状态；④可用性：确保数据在需要时能够被访问和使用；⑤数字签名：通过加密技术生成一个独特的签名，用于验证信息的来源和完整性；⑥认证：验证用户的身份，确保只有授权用户才能访问数据。

（71）（72）（73）（74）（75）参考答案：A　D　A　D　C

☏试题翻译　云计算是一个短语，用来描述一系列计算概念，这些计算概念涉及通过实时通信网络如 Internet　（71）　的很多计算机。在科学研究中，云计算是分布式网络计算的　（72）　，意味着同时在多台互联的计算机上运行一个程序或应用的 (73) 。

云计算的架构分为 3 层：基础设施层、平台层和应用层。基础实施层由虚拟计算、存储和网络资源构成；平台层是具有通用性和复用性的软件资源的集合；应用层由 SaaS 应用所需的全部软件模块集合构成。基础设施层是建立平台层的 (74) 基础；相应地，平台层是执行应用层 SaaS (75) 的基础。

(71) A. 联接　　　　B. 实施　　　　C. 优化　　　　D. 虚拟化
(72) A. 替代品　　　B. 转换　　　　C. 代替　　　　D. 同义词
(73) A. 能力　　　　B. 方法　　　　C. 功能　　　　D. 方式
(74) A. 网络　　　　B. 基础　　　　C. 软件　　　　D. 硬件
(75) A. 资源　　　　B. 服务　　　　C. 应用　　　　D. 软件

软件设计师 机考试卷第5套
应用技术卷参考答案/试题解析

试题一 参考答案/试题解析

【问题1】参考答案

E1：学生　　E2：教务人员

试题解析

E-R 图中的实体是指与系统（或系统的某个模块）交互的人或物，实体名称可在各个模块的功能描述中直接找到。实体在 E-R 图中用直角矩形表示。

【问题2】参考答案

D1：学生库　　D2：课程库

试题解析

模块 2 表示"处理注册申请"模块，2.1、2.2…，都是模块 2 的子模块。而 D1、D2 都是模块 2 下的存储，因此需从"处理注册申请"的功能描述中去寻找答案。数据存储在 E-R 图中用右侧开口的矩形表示。

【问题3】参考答案

名称	起点	终点
学生信息不合法提示	1.1 检查学生信息	E1（或学生）
学位考试结果不合法提示	1.2 检查学位考试结果	E1（或学生）
无注册资格提示	1.3 检查学生注册资格	E1（或学生）
接受提示	2.3 发送注册通知	E1（或学生）

试题解析

数据流的名称一定是某种数据。易知功能 1 中的三个子功能，事实上是三个判断，图中只给了一个判断分支的数据流，而缺少另一个判断信息的数据流。这样一次就找出了前三条数据流。

第四条数据流属于功能模块，把功能描述与图 1-2 进行对照，即可发现本条缺失的数据流。

【问题4】参考答案

0 层数据流图中的"不合法提示"是由 1 层数据流图中的"学生信息不合法提示""学位考试结果不合法提示""无法注册资格提示"组合而成的。

试题二 参考答案/试题解析

【问题1】参考答案

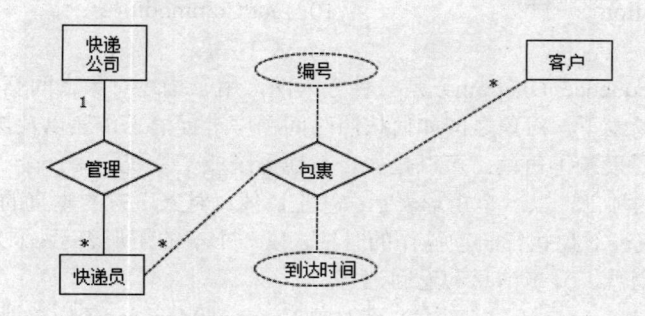

试题解析

本题中，补充 E-R 图主要是把联系"（寄送）包裹"与对应的实体联系起来，并标注出联系的类型（1 或*），还要补充该联系的属性。

【问题2】参考答案

（a）所属公司名称　　　　　　　　　（b）客户手机号码

快递员关系的主键是"快递员手机号码"，外键是"公司名称"。

包裹关系的主键是"编号"，外键是"快递员手机号码""客户手机号码"。

【问题3】参考答案

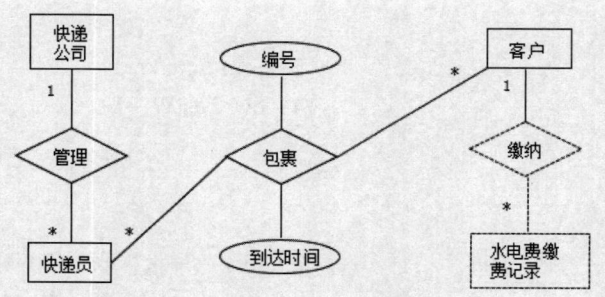

水电费缴费记录的主键是"编号"，外键是"客户手机号码"。

试题三 参考答案/试题解析

【问题1】参考答案

（1）0..*　　（2）1　　（3）0..*　　（4）1..*　　（5）1　　（6）0..*

试题解析

空（1）～空（6）全部都是类的"多重性（或称多重度）"。多重度是类与类之间关联关系的数量约束，即一个类的实例可与另一个类的多少个实例相关联。例如：Category 类可以包含 0 个商品，也可包含多个商品，因此（1）填 0..*；而 Commodity 类的一个实例（即一个商品）只能属于一个分类（Category），因此（2）填 1。

【问题 2】参考答案

（7）getCategories　　　　　　　　　（8）getCommodities

（9）createPromotion　　　　　　　　（10）addCommodities

试题解析

UML 序列图（Sequence Diagram）是一种行为图，用于描述对象之间基于时间顺序的动态交互，它显示了在特定场景下，对象之间如何按照时间顺序进行消息传递以及协作的过程。

序列图中的几个要素：①角色：可以是人、其他系统或子系统，用一个"小人"的图标表示；②对象：位于序列图的顶部，以一个矩形表示；③生命线：对象下方的垂直的线，代表了对象的生命周期；④激活期：代表对象执行一项操作的时期，以一个窄的矩形表示；⑤消息：用于在实体间传递信息，分为同步消息、异步消息和返回消息。

空（7）是由对象 Businessman（商家）到对象 CategoryManager（分类管理器）的消息，根据题干描述"商家首先要在自己所销售的商品的分类中，选择促销涉及的某一具体分类"，结合表 3-1，可知此处应填 getCategories（商家获取自己所售商品的分类）。

同理，可依次分析出其他各空的答案。

【问题 3】参考答案

关系：聚合关系是关联关系中的的一种。

不同点：**关联**表示两个对象在概念上处于同一级别，没有明确的"拥有"关系，而**聚合**表示一个对象"拥有"另一个对象，但这种拥有关系可以是松散的也可以是紧密的。

试题四　参考答案

（1）bestX[j]=x[j]　　　　　　　　　（2）j<m

（3）x[i]=j　　　　　　　　　　　　（4）cw<bestW

（5）cp=cp-c[i][j]

试题五　参考答案

（1）public Order　　　　　　　　　（2）this->stock　 或　 (*this).stock

（3）Order*　　　　　　　　　　　　（4）orderList[i]　 或　 *(orderList+i)

（5）placeOrders

试题六　参考答案

（1）implements　　　　　　　　　（2）this.stock

（3）Order　　　　　　　　　　　　（4）Order

（5）placeOrders()

软件设计师 模考卷
基础知识卷

- 在字长为 16 位、32 位、64 位或 128 位的计算机中，字长为__(1)__位的计算机数据运算精度最高。
  （1）A. 16　　　　　　B. 32　　　　　　C. 64　　　　　　D. 128
- 某个程序所有者拥有所有权限，组成员有读取和运行的权限，其他用户只有运行的权限，该程序的权限为__(2)__。
  （2）A. 742　　　　　B. 741　　　　　C. 751　　　　　D. 752
- 对于定点纯小数的数据编码，下列说法正确的是__(3)__。
  （3）A. 仅原码能表示-1　　　　　　　B. 仅反码能表示-1
  　　C. 原码和反码均能表示-1　　　　　D. 仅补码能表示-1
- 在计算机系统中，CPU 中跟踪后继指令地址的寄存器是__(4)__。
  （4）A. 指令寄存器　　　　　　　　　B. 状态条件寄存器
  　　C. 程序计数器　　　　　　　　　D. 主存地址寄存器
- 硬盘所属的存储类别是__(5)__。
  （5）A. 寄存器　　　　B. 缓存　　　　C. 主存　　　　D. 辅存
- 循环冗余校验码（CRC）利用生成多项式进行编码。设数据位为 n，校验位为 k 位，则 CRC 码的格式为__(6)__。
  （6）A. k 个校验位按照指定间隔位与 n 个数据位混淆
  　　B. k 个校验位之后跟 n 个数据位
  　　C. n 个数据位之后跟 k 个校验位
  　　D. k 个校验位等间隔地放入 n 个数据位中
- 在采用定点二进制的运算器中，减法运算一般是通过__(7)__来实现的。
  （7）A. 补码运算的二进制加法器　　　B. 原码运算的二进制加法器
  　　C. 补码运算的二进制减法器　　　D. 原码运算的二进制减法器
- 中断向量提供的是__(8)__。
  （8）A. 中断源的设备地址　　　　　　B. 中断服务程序的入口地址
  　　C. 传递数据的超始地址　　　　　D. 主程序的断点地址
- 在 CPU 调度中__(9)__不可能的。
  （9）A. 放权等待　　　B. 资源等待　　　C. 无限等待　　　D. 定时等待
- 某文件管理系统在磁盘中建立了位示图（Bitmap），记录磁盘的使用情况。若计算机系统的字长为 128 位，磁盘的容量为 1024GB，物理块的大小为 8MB，那么该位示图的大小为 （10） 个字。

(10) A．4096　　　　B．1024　　　　C．2048　　　　D．3072

● 以下不属于函数依赖的 Armstrong 公理系统的是 （11） 。

(11) A．自反规则　　B．传递规则　　C．组合规则　　D．增广规则

● 软件交付之后，由于软硬件环境发生变化而对软件进行修改的行为属于 （12） 维护。

(12) A．改善性　　B．适应性　　C．预防性　　D．改正性

● 计算机网络协议 5 层体系结构中， （13） 工作在数据链路层。

(13) A．路由器　　B．以太网交换机　　C．防火墙　　D．集线器

● 结构化分析方法的基本思想是 （14） 。

(14) A．自底向上逐步分解　　　　B．自顶向下逐步分解
　　　C．自底向上逐步抽象　　　　D．自顶向下逐步抽象

● 下图是一个软件项目的活动图，其中顶点表示项目里程碑，连接顶点的边表示包含的活动，则一共有 （15） 条关键路径，关键路径的长度为 （16） 。

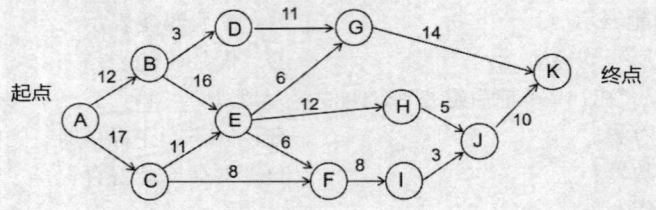

(15) A．2　　　　B．4　　　　C．3　　　　D．5
(16) A．48　　　　B．55　　　　C．30　　　　D．46

● 执行以下 Python 语句之后，输出列表 y 的结果为 （17） 。

```
x=[1,2,3]
y=x+[4,5,6]
```

(17) A．出错　　B．[1,2,3,4,5,6]　　C．[5,7,9]　　D．[1,2,3,[4,5,6]]

● 对于一棵树，每个节点的孩子个数称为节点的度，节点度数的最大值称为树的度。某树 T 的高度为 4，其中有 5 个度为 4 的节点，8 个度为 3 的节点，6 个度为 2 的节点，10 个度为 1 的节点，则 T 中的叶子节点个数为 （18） 。

(18) A．38　　　　B．29　　　　C．66　　　　D．57

● WWW 服务器与客户机之间主要采用 （19） 安全协议进行网页的发送和接收。

(19) A．HTTP　　B．HTTPS　　C．HTML　　D．SMTP

● 软件测试过程中的系统测试主要是为了发现 （20） 中的错误。

(20) A．软件实现　　B．概要设计　　C．详细设计　　D．需求分析

● 瀑布模型的主要特点是 （21） 。

(21) A．用户容易参与到开发活动中　　B．易于处理可变需求
　　　C．缺乏灵活性　　　　　　　　D．用户与开发者沟通容易

- 采用简单选择排序算法对序列(49,38,65,97,76,13,27,49)进行非降序排序,两趟后的序列为___(22)___。

　　(22) A. (13,27,65,97,76,49,38,49)
　　　　 B. (38,49,65,76,13,27,49,97)
　　　　 C. (13,38,65,97,76,49,27,49)
　　　　 D. (38,49,65,13,27,49,76,97)

- TCP 的序号单位是___(23)___。

　　(23) A. 赫兹　　　　B. 字节　　　　C. 比特　　　　D. 报文

- 在 29 个元素构成的查找表中查找任意一个元素时,可保证最多与表中 5 个元素进行比较即可确定查找结果,则采用的查找表及查找方法是___(24)___。

　　(24) A. 二叉排序树中的查找　　　　B. 顺序表中的顺序查找
　　　　 C. 有序顺序表中的二分查找　　D. 散列表中的哈希查找

- UML 类图在软件建模时,给出软件系统的一种静态设计视图。在类图中,使用___(25)___关系可明确表示两类事物之间存在的特殊/一般关系。

　　(25) A. 聚合　　　　B. 依赖　　　　C. 泛化　　　　D. 实现

- 算数表达式 b*(a+c)-d 的后缀式是___(26)___(+-*表示算术的加、减、乘运算,运算符的优先级和结合性遵循惯例)。

　　(26) A. ba+cd*-　　B. bacd+*-　　C. ba*c+d*-　　D. bac+*d-

- 以下关于通过解释器运行程序的叙述中,错误的是___(27)___。

　　(27) A. 可以由解释器直接分析并执行高级语言源程序代码
　　　　 B. 与直接运行编译后的机器码相比,通过解释器运行程序的速度更慢
　　　　 C. 解释器运行程序比运行编译和链接方式产生的机器代码效率更高
　　　　 D. 可以先将高级语言程序转换为字节码,再由解释器运行字节码

- 面向对象软件从不同层次进行测试。___(28)___层测试类中定义的每个方法,相当于传统软件测试中的单元测试。

　　(28) A. 模板　　　　B. 系统　　　　C. 类　　　　D. 算法

- 进行面向对象系统设计时,若存在包 A 依赖于包 B,包 B 依赖于包 C,包 C 依赖于包 A,则此设计违反了___(29)___原则。

　　(29) A. 稳定抽象　　B. 稳定依赖　　C. 依赖倒置　　D. 无环依赖

- 下列算法属于 Hash 算法的是___(30)___。

　　(30) A. SHA　　　　B. DES　　　　C. IDEA　　　　D. RSA

- 进行面向对象设计时,以下___(31)___不能作为继承的类型。

　　(31) A. 多重继承　　B. 分布式继承　　C. 单重继承　　D. 层次继承

- 在撰写学术论文时,通常需要引用某些文献资料。以下叙述中,___(32)___是不正确的。

　　(32) A. 既可引用发表的作品,也可引用未发表的作品
　　　　 B. 不必征得原作者的同意,不需要向他支付报酬
　　　　 C. 只能限于介绍评论作品

D. 只要不构成自己作品的主要部分，可适当引用资料
- 在关系表中选出若干属性列组成新的关系表，可以使用__(33)__操作实现。

    (33) A. 投影　　　　B. 笛卡儿积　　　　C. 选择　　　　D. 差

- 某系统由下图所示的冗余部件构成。若每个部件的千小时可靠度都为R，则该系统的千小时可靠度为__(34)__。

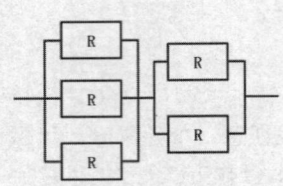

    (34) A. $(1-R^3)(1-R^2)$　　　　　　B. $(1-(1-R)^3)(1-(1-R)^2)$
    　　 C. $(1-R^3)+(1-R^2)$　　　　　D. $(1-(1-R)^3)+(1-(1-R)^2)$

- 用于收回 SQL 访问控制权限的操作是__(35)__。

    (35) A. GRANT　　　B. DELETE　　　C. REVOKE　　　D. DROP

- 已知二维数组 A 按行优先方式存储，每个元素占用两个存储单元，元素 A[0][0]的地址为 100，元素 A[3][3]的存储地址是 220，则元素 A[5][5]的地址是__(36)__。

    (36) A. 300　　　　B. 310　　　　C. 306　　　　D. 296

- 关于 Python，下列说法正确的是__(37)__。

    (37) A. 用 try 捕获异常，有 except，无需执行 finaly
    　　 B. 可以使用 raise 关键字来手动抛出异常
    　　 C. except Exception 可以捕获所有异常
    　　 D. 可以用 switch...case 语句表示选择结构

- FAT 文件系统使用的是__(38)__数据存储方式。

    (38) A. 索引　　　　　　　B. 基于文件的簇状链式结构
    　　 C. 链式结构　　　　　D. 顺序结构

- 下面__(39)__范式不包含多值依赖。

    (39) A. 1NF　　　　B. 2NF　　　　C. 3NF　　　　D. 4NF

- 以太网交换机属于网络模型中的__(40)__，其处理的数据的基本单元是__(41)__。

    (40) A. 网络层　　　B. 传输层　　　C. 数据链路层　　　D. 物理层
    (41) A. IP 地址　　　B. MAC 地址　　　C. 报文　　　　　　D. 帧

- 森林的叶子节点是__(42)__。

    (42) A. 二叉树中没有左孩子的节点　　　B. 二叉树中没有右孩子的节点
    　　 C. 森林中度为 0 的节点　　　　　　D. 二叉树中度为 1 的节点

- 黑客获取整个数据库的用户资料信息属于__(43)__。

    (43) A. 撞库　　　　B. 社工库　　　　C. 拖库　　　　D. 洗库

- VLAN 不能隔绝__(44)__。

    (44) A. 广播域　　　B. 内网互访　　　C. 内外网　　　D. 攻击和漏洞利用

164

● 以下__(45)__活动不可以提高软件质量。
　　(45) A．需求评审　　　B．软件开发　　　C．软件测试　　　D．代码走查
● 数据流图中的组成不包括__(46)__。
　　(46) A．数据流　　　B．外部实体　　　C．数据加工　　　D．控制流
● 下列措施中，__(47)__可以保证数据的可靠性。
　　(47) A．访问控制　　　　　　　　　　　　B．数据加密
　　　　 C．鉴别　　　　　　　　　　　　　　D．异地数据备份
● 在微型计算机中，管理键盘最适合采用的 I/O 控制方式是__(48)__方式。
　　(48) A．DMA　　　B．无条件传送　　　C．程序查询　　　D．中断
● 下面的__(49)__命令可以查看网络配置。
　　(49) A．ping　　　B．netstat　　　C．ipconfig　　　D．telnet
● 以下关于甘特图的叙述，不正确的是__(50)__。
　　(50) A．一种进度管理的工具　　　　　　B．易于看出每个子任务的持续时间
　　　　 C．易于看出目前项目的实际进度情况　D．易于看出子任务之间的衔接关系
● 程序员甲将其编写完成的软件程序发给同事乙并进行讨论，之后由于甲对该程序极不满意，因此甲决定放弃该程序，后来乙将该程序稍加修改并署自己名在某技术论坛发布。下列说法中，正确的是__(51)__。
　　(51) A．乙对该程序进行了修改，因此乙享有该程序的软件著作权
　　　　 B．乙的行为没有侵犯甲的软件著作权，因为甲已放弃程序
　　　　 C．乙的行为未侵权，因其发布的场合是以交流学习为目的的技术论坛
　　　　 D．乙的行为侵犯了甲对该程序享有的软件著作权
● 以下关于链表操作，说法正确的是__(52)__。
　　(52) A．新增一个头节点需要遍历链表　　B．新增一个尾节点需要遍历链表
　　　　 C．删除最后一个节点需要遍历链表　D．删除第一个节点需要遍历链表
● 软件文档在软件生存期中所起的重要作用不包括__(53)__。
　　(53) A．提高软件运行效率　　　　　　　B．作为开发过程的阶段工作成果和结束标记
　　　　 C．提高开发过程的能见度　　　　　D．提高开发效率
● 关于数据库概念结构设计阶段的工作步骤，其正确的顺序应为__(54)__。
　　① 设计局部视图　②抽象数据　③修改重构数据　④合并局部视图
　　(54) A．①→②→④→③　　　　　　　　B．①→②→③→④
　　　　 C．②→①→③→④　　　　　　　　D．②→①→④→③
● 下列测试方法中，__(55)__的覆盖程度最高。
　　(55) A．语句覆盖　　　B．判定覆盖　　　C．路径覆盖　　　D．条件覆盖
● 由于知识技术可以同时被多个人使用，所以知识专利具有__(56)__。
　　(56) A．双重性　　　B．独占性　　　C．地域性　　　D．实践性
● 在仅由字符 a、b 构成的所有字符串中，其中以 b 结尾的字符串集合可用正规式表示为__(57)__。
　　(57) A．(b|ab)*b　　　B．(ab*)*b　　　C．a*b*b　　　D．(a|b)*b

- 在以阶段划分的编译过程中，判断程序语句的形式是否正确属于__(58)__阶段的工作。

  (58) A．词法分析　　　　B．语法分析　　　　C．语义分析　　　　D．代码生成

- 公司开发的某个软件不符合其战略决策，这属于__(59)__风险。

  (59) A．商业　　　　　　B．项目　　　　　　C．开发　　　　　　D．人员

- __(60)__模式定义一系列的算法，把它们一个个封装起来，并且使它们可以相互替换，使得算法可以独立于使用它们的客户而变化。以下__(61)__情况适合选用该模式。

  ①一个客户需要使用一组相关对象　　　②一个对象的改变需要改变其他对象

  ③需要使用一个算法的不同变体　　　　④许多相关的类仅仅是行为有异

  (60) A．命令（Command）　　　　　　B．责任链（Chain of Responsibility）

  　　 C．观察者（Observer）　　　　　 D．策略（Strategy）

  (61) A．①②　　　　　B．②③　　　　　C．③④　　　　　D．①④

- __(62)__模式将一个复杂对象的构建与其表示分离，使得同样的构建过程可以创建不同的表示。以下__(63)__情况适合选用该模式。

  ①抽象复杂对象的构建步骤

  ②基于构建过程的具体实现构建复杂对象的不同表示

  ③一个类仅有一个实例

  ④一个类的实例只能有几个不同状态组合中的一种

  (62) A．生成器（Builder）　　　　　　B．工厂方法（Factory Method）

  　　 C．原型（Prototype）　　　　　　 D．单例（Singleton））

  (63) A．①②　　　　　B．②③　　　　　C．③④　　　　　D．①④

- 以下关于图的遍历的叙述，正确的是__(64)__。

  (64) A．图的遍历是从给定的源点出发对每一个顶点仅访问一次的过程

  　　 B．图的深度优先遍历方法不适用于无向图

  　　 C．使用队列对图进行广度优先遍历

  　　 D．图中有回路时则无法进行遍历

- 当一棵非空二叉树的__(65)__时，对该二叉树进行中序遍历和后序遍历所得的序列相同。

  (65) A．每个非叶子节点都只有左子树　　B．每个非叶子节点都只有右子树

  　　 C．每个非叶子节点的度都为1　　　 D．每个非叶子节点的度都为2

- 数据库的基本表、存储文件和视图的结构分别对应__(66)__。

  (66) A．用户视图、内部视图和概念视图　　B．用户视图、概念视图和内部视图

  　　 C．概念视图、用户视图和内部视图　　D．概念视图、内部视图和用户视图

- 利用报文摘要算法生成报文摘要的目的是__(67)__。

  (67) A．防止发送的报文被篡改　　　　　　B．对传输数据进行加密，防止数据被窃听

  　　 C．验证通信对方的身份，防止假冒　　D．防止发送方否认发送过的数据

- 某队列允许在其两端进行入队操作，但仅允许在一端进行出队操作。若元素 a、b、c、d 依次全部入队列，之后进行出队列操作，则不能得到的出队序列是__(68)__。

  (68) A．dbac　　　　　B．cabd　　　　　C．acdb　　　　　D．bacd

- IP 地址块 155.32.80.192/26 包括 __(69)__ 个主机地址，以下 IP 地址中，不属于这个网络的地址是 __(70)__ 。

  (69) A．15　　　　　　　B．32　　　　　　C．62　　　　　　D．64
  (70) A．155.32.80.202　　　　　　　　　　B．155.32.80.195
  　　 C．155.32.80.253　　　　　　　　　　D．155.32.80.191

- During the systems analysis phase, you must decide how data will be organized, stored, and managed. A __(71)__ is a framework for organizing, storing, and managing data. Each file or table contains data about people, places, things, or events. One of the potential problems existing in a file process environment is __(72)__, which means that data common to two or more information systems is stored in several places. In a DBMS, the linked tables form a unified data structure that greatly improves data quality and access. A(n) __(73)__ is a model that shows the logical relationships and interaction among system entities. It provides an overall view of the system and a blueprint for creating the physical data structures. __(74)__ is the process of creating table designs by assigning specific fields or attributes to each table in the database. A table design specifies the fields and identifies the primary key in a particular table or file. The three normal forms constitute a progression in which __(75)__ represents the best design. Most business-related databases must be designed in that form.

  (71) A．data entity　　　B．data structure　　C．file collection　　D．data definition
  (72) A．data integrity　　　　　　　　　　　B．the rigid data structure
  　　 C．data redundancy　　　　　　　　　　D．the many-to-many relationship
  (73) A．entity relationship diagram　　　　　B．data dictionary
  　　 C．database schema　　　　　　　　　　D．physical database model
  (74) A．Normalization　　　　　　　　　　　B．Replication
  　　 C．Partitioning　　　　　　　　　　　　D．Optimization
  (75) A．standard notation form　　　　　　　B．first normal form
  　　 C．second normal form　　　　　　　　　D．third normal form

软件设计师 模考卷
应用技术卷

试题一（15分）

阅读下列说明和图，回答问题，将解答填入答题区的对应位置。

【说明】

某大型披萨加工和销售商为了有效管理生产和销售情况，打算开发一披萨信息系统，其主要功能如下：

（1）销售。处理客户的订单信息，生成销售订单，并将其记录在销售订单表中。销售订单记录了订购者所订购的披萨、期望的交付日期等信息。

（2）生产控制。根据销售订单以及库存的披萨数量，制订披萨生产计划（包括生产哪些披萨、生产顺序和生产量等），并将其保存在生产计划表中。

（3）生产。根据生产计划和配方表中的披萨配方，向库存发出原材料申领单，将制作好的披萨的信息存入库存表中，以便及时进行交付。

（4）采购。根据所需原材料及库存量，确定采购数量，向供应商发送采购订单，并将其记录在采购订单表中；得到供应商的供应量，将原材料数量记录在库存表中，在采购订单表中标记已完成采购的订单。

（5）运送。根据销售订单将披萨交付给客户，并记录在交付记录表中。

（6）财务管理。在披萨交付后，为客户开具费用清单，收款并出具收据；依据完成的采购订单给供应商支付原材料费用并出具支付细节；将收款和支付记录存入收支记录表中。

（7）存储。检查库存的原材料、披萨和未完成订单，确定所需原材料。

现采用结构化方法对披萨信息系统进行分析与设计，获得如图1-1所示的上下文数据流图和图1-2所示的0层数据流图。

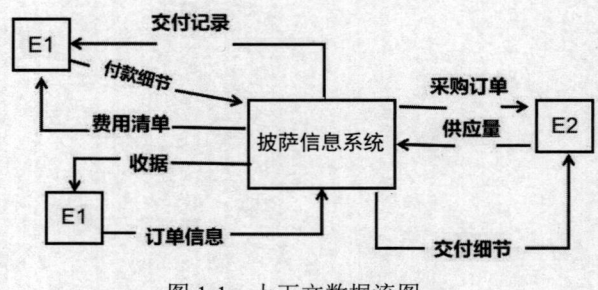

图1-1 上下文数据流图

图 1-2　0 层数据流图

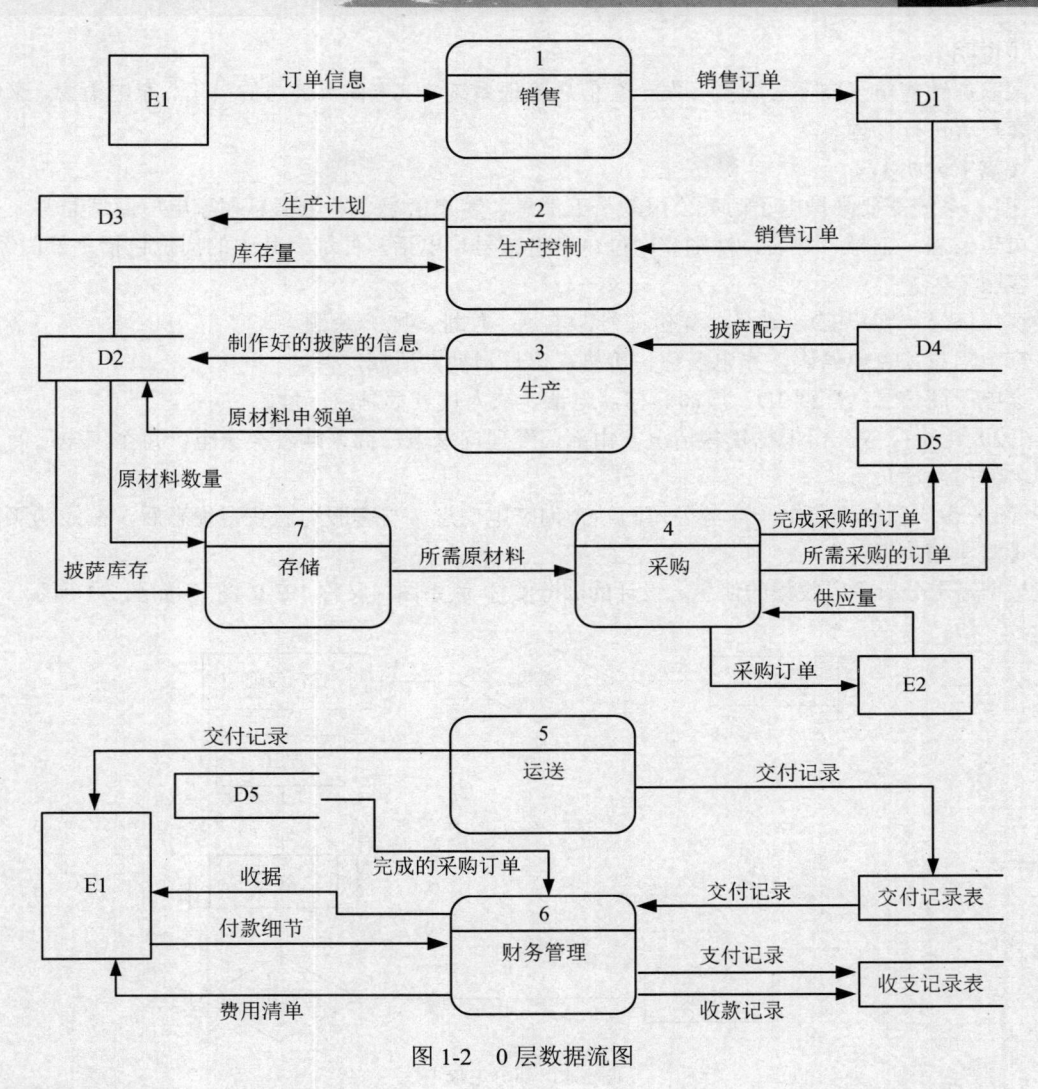

【问题 1】(5 分)

根据说明中的词语，给出图 1 中的实体 E1～E2 的名称。

【问题 2】(5 分)

根据说明中的词语，给出图 2 中的数据存储 D1～D5 的名称。

【问题 3】(5 分)

根据说明中的词语，补充图 2 中缺失的数据流及其起点和终点。

试题二（15 分）

阅读下列说明和图，回答问题，将解答填入答题区的对应位置。

【说明】
某家电销售电子商务公司拟开发一套信息管理系统,以方便对公司的员工、家电销售、家电厂商和客户等进行管理。

【需求分析】
(1)系统需要维护电子商务公司的员工信息、客户信息、家电信息和家电厂商信息等。

员工信息:工号,姓名,性别,岗位,身份证号,电话,住址。其中的岗位包括"部门经理"和"客服"等。

客户信息:客户ID,姓名,身份证号,电话,住址,账户余额。

家电信息:家电条码,家电名称,价格,出厂日期,所属厂商。

家电厂商信息:厂商ID,厂商名称,电话,法人代表信息,厂址。

(2)电子商务公司根据销售情况,由部门经理向家电厂商采购各类家电,每个家电厂商只能由一名部门经理负责。

(3)客户通过浏览电子商务公司网站查询家电信息,与客服沟通获得优惠后,在线购买。

【概念结构设计】
根据需求分析阶段收集的信息,设计的部分实体-联系图(又称"E-R图")如图2-1所示。

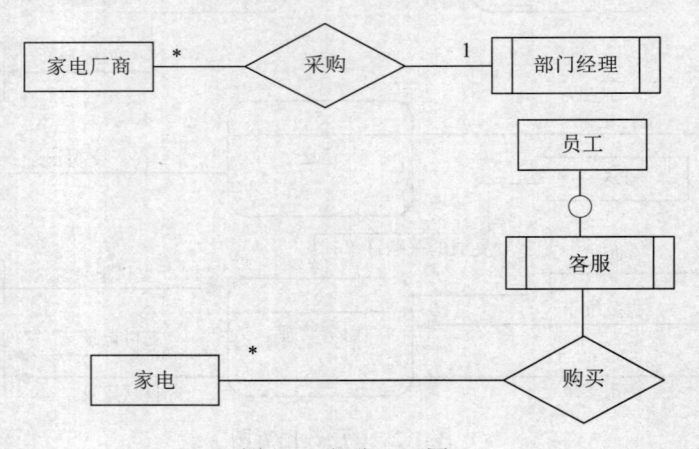

图2-1 部分E-R图

【逻辑结构设计】
根据概念模型设计阶段完成的E-R图,得出如下关系模式(不完整):
客户(客户ID,姓名,身份证号,电话,住址,账户余额)
员工(工号,姓名,性别,岗位,身份证号,电话,住址)
家电(家电条码,家电名称,价格,出厂日期,__(1)__)
家电厂商(厂商ID,厂商名称,电话,法人代表信息,厂址,__(2)__)
购买(订购单号,__(3)__,金额)

【问题1】(6分)
补充图中的联系和联系的类型。

【问题2】（4分）

根据题干中的图，将逻辑结构设计阶段生成的关系模式中的空（1）～（3）补充完整，指出"家电""家电厂商""购买"关系模式的主键。

【问题3】（2分）

电子商务公司的主营业务是销售各类家电，对账户有余额的客户，还可以联合第三方基金公司提供理财服务，为此设立客户经理岗位。客户通过电子商务公司的客户经理和基金公司的基金经理进行理财，每名客户只有一名客户经理和一名基金经理负责，客户经理和基金经理均可负责多名客户。请根据该要求，对题干图进行修改，画出修改后的实体间联系和联系的类型。

试题三（15分）

阅读下列说明和图，回答下列问题，将解答填入答题区的对应位置。

【说明】

某出版社拟开发一个在线销售各种学术出版物的网上商店（ACShop），其主要的功能需求描述如下：

（1）ACShop 在线销售的学术出版物包括论文学术报告或讲座资料等。

（2）ACShop 的客户分为两种：未注册客户和注册客户。

（3）未注册客户可以浏览或检索出版物，将出版物添加到购物车中。未注册客户进行注册操作之后，成为注册客户。

（4）注册客户登录之后，可将待购买的出版物添加到购物车中，并进行结账操作。结账操作的具体流程描述如下：

1）从预先填写的地址列表中选择一个作为本次交易的收货地址。如果没有地址信息，则可以添加新地址。

2）选择付款方式。ACShop 支持信用卡付款和银行转账两种方式。注册客户可以从预先填写的信用卡或银行账号中选择一个付款。若没有付款方式信息，则可以添加新付款方式。

3）确认提交购物车中待购买的出版物后，ACShop 会自动生成与之相对应的订单。

（5）管理员负责维护在线销售的出版物目录，包括添加新出版物或者更新在售出版物信息等操作。

现采用面向对象方法分析并设计该网上商店 ACShop，得到如图 3-1 所示的用例图和图 3-2 所示的类图。

【问题1】（4分）

根据说明中的描述，给出图 3-1 中（1）～（4）所对应的用例名。

【问题2】（4分）

根据说明中的描述，分别说明用例"添加新地址"和"添加新付款方式"会在何种情况下由图 3-1 中的用例（3）和（4）扩展而来？

【问题3】（7分）

根据说明中的描述，给出图 3-2 中（1）～（7）所对应的类名。

图 3-1 用例图

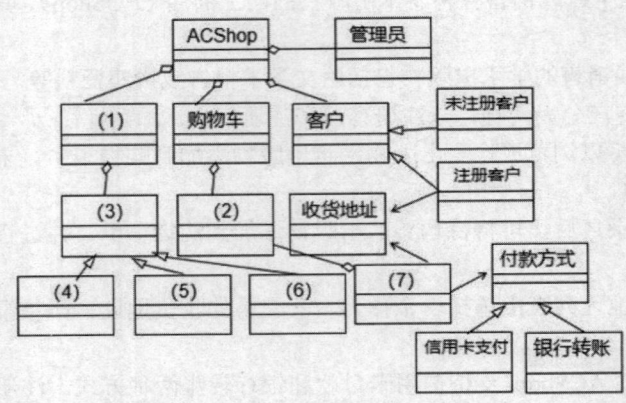

图 3-2 类图

试题四（15 分）

阅读下列说明和 C 代码，回答下列问题，将解答填写在答题区的对应位置。

【说明】

计算两个字符串 x 和 y 的最长公共子串（Longest Common Substring）。

假设字符串 x 和字符串 y 的长度分别为 m 和 n，用数组 c 的元素 c[i][j]记录 x 中前 i 个字符和 y 中前 j 个字符的最长公共子串的长度。

c[i][j]满足最优子结构，其递归定义为

$$c[i][j] = \begin{cases} c[i-1][j-1]+1 & \text{若} i>0 \text{ 且 } j>0 \text{ 且 } x[i]=y[j] \\ 0 & \text{其他} \end{cases}$$

计算所有 c[i][j]的值（0≤i≤m，0≤j≤n），值最大的 c[i][j]即为字符串 x 和 y 的最长公共子串

的长度。根据该长度即 i 和 j，确定一个最长公共子串。

【C 代码】

（1）常量和变量说明。

x，y：长度分别为 m 和 n 的字符串。

c[i][j]：记录 x 中前 i 个字符和 y 中前 j 个字符的最长公共子串的长度。

max：x 和 y 的最长公共子串的长度。

maxi, maxj：分别表示 x 和 y 的某个最长公共子串的最后一个字符在 x 和 y 中的位置（序号）。

（2）C 程序。

```
#include <stdio.h>
#include <string.h>
int c[50][50];
int maxi;
int maxj;
int lcs(char *x, int m, char *y, int n)     {
        int i, j;
        int max= 0;
        maxi= 0;
        maxj = 0;
        for ( i=0; i<=m ; i++)      c[i][0] = 0;
        for (i=1; i<= n; i++)       c[0][i]=0;
        for (i=1; i<= m; i++)   {
             for (j=1; j<= n; j++)    {
                 if (    (1)    )    {
                     c[i][j] = c[i -1][j -1] + 1;
                     if(max<c[i][j]) {
                         ___(2)___;
                         maxi = i;
                         maxj =j;
                     }
                 }
                 else      (3)     ;
             }
        }
        return max;
}
void printLCS(int max, char *x) {
            int i= 0;
         if (max == 0)          return;
         for (    (4)    ; i < maxi; i++)
                printf("%c",x[i]);
}
void main(){
    char* x= "ABCADAB";
    char*y= "BDCABA";
        int max= 0;
        int m = strlen(x);
        int n = strlen(y);
```

```
        max=lcs(x,m,y,n);
        printLCS(max , x);
}
```

【问题 1】(8 分)

根据以上说明和 C 代码，填充 C 代码中的空（1）～（4）。

【问题 2】(2 分)

根据题干说明和以上 C 代码，算法采用了__(5)__设计策略，时间复杂度为__(6)__（用 O 符号表示）。

【问题 3】(1 分)

根据题干说明和以上 C 代码，输入字符串 x= "ABCADAB"，y="BDCABA"，则输出为__(7)__。

试题五（Java 代码）

阅读下列说明，补充 Java 代码，将解答填写在答题区的对应位置。

【说明】

在状态模式（State Pattern）中，类的行为是根据它的状态的改变而改变的。我们通过演示类 StatePatternDemo 来演示状态模式的实现，如图 5-1 所示。

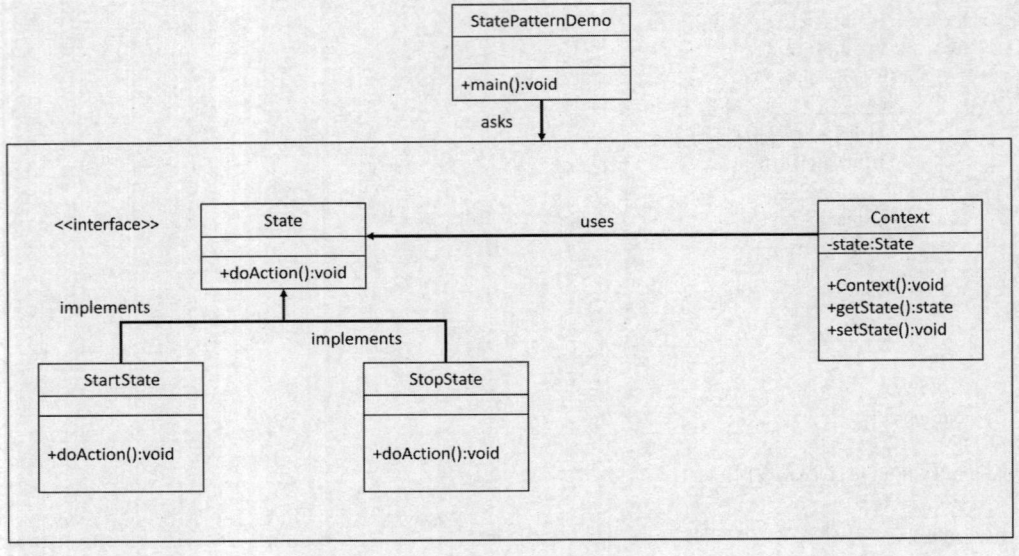

图 5-1 类图

其中，Context 类是一个带有某个状态的类，同时我们还将创建一个 State 接口和实现 State 接口的实体状态类（StartState 和 StopState）。

```java
//创建一个接口
public interface State {
    public void doAction(Context context);
}
```

```java
//创建实现接口的实体类
public class StartState   (1)   State {
    public void doAction(Context context) {
        System.out.println("Player is in start state");
        context.setState(this);
    }
    public String toString(){
        return "Start State";
    }
}

public class StopState implements State {
    public void doAction(Context context) {
        System.out.println("Player is in stop state");
          (2)  ;
    }
    public String toString(){
        return "Stop State";
    }
}
//创建 Context 类
public class Context {
      (3)   State state;
    public Context(){
        state = null;
    }

    public void setState(State state){
         (4)  = state;
    }

    public State getState(){
        return state;
    }
}
//使用 Context 来查看当状态 State 改变时的行为变化
public class StatePatternDemo {
    public static void main(String[] args) {
        Context context = new Context();
        StartState startState = new StartState();
        startState.doAction(context);
        System.out.println(context.getState().toString());
        StopState stopState = new StopState();
          (5)  ;
        System.out.println(context.getState().toString());
    }
}
```

试题六（C++代码）

阅读下列说明，补充 C++代码，将解答填写在答题区的对应位置。

【说明】

在状态模式（State Pattern）中，类的行为是根据它的状态的改变而改变的。我们通过演示类 StatePatternDemo 来演示状态模式的实现，如图 6-1 所示。

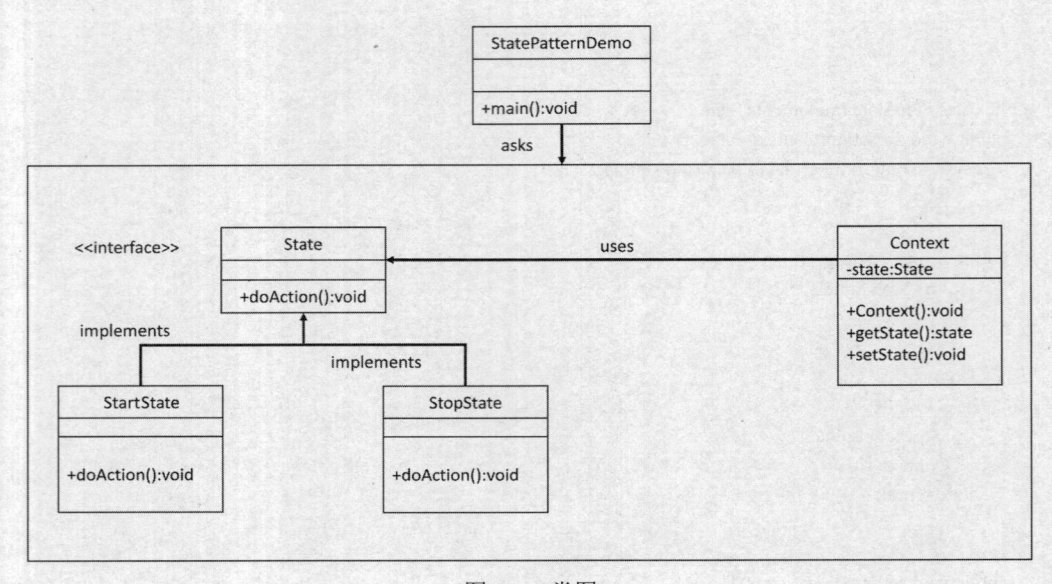

图 6-1 类图

其中，Context 类是一个带有某个状态的类，同时我们还将创建一个 State 接口和实现 State 接口的实体状态类（StartState 和 StopState）。

```cpp
#include <iostream>
#include <string>

class Context;

//创建一个接口
class State {
public:
    virtual void    (1)    ;
    virtual std::string toString() const = 0;
};

//创建 Context 类
class Context {
private:
```

```cpp
        State* state;
public:
        Context() {
            state = nullptr;
        }

        void setState(State* state) {
            ___(2)___ = state;
        }

        State* getState() {
            return state;
        }

        //添加一个方法来获取并打印当前状态的字符串表示
        void printCurrentState() {
            if (state) {
                std::cout << state->toString() << std::endl;
            }
            else {
                std::cout << "No state set" << std::endl;
            }
        }
};

//创建实现接口的实体类
class StartState : public State {
public:
        void doAction(Context* context) override {
            std::cout << "Player is in start state" << std::endl;
            context->setState(this);
        }

        std::string toString() const override {
            return "Start State";
        }
};

class StopState : public State {
public:
        void doAction(Context* context) override {
            std::cout << "Player is in stop state" << std::endl;
            ___(3)___ ;
        }

        std::string toString() const override {
```

```
            return "Stop State";
        }
};

//使用 Context 来查看当状态 State 改变时的行为变化
int main() {
    Context* context = new Context();
    StartState*   (4)   = new StartState();
    startState->doAction(context);
    context->printCurrentState();      //打印当前状态

    StopState*   (5)   = new StopState();
    stopState->doAction(context);
    context->printCurrentState();      //再次打印当前状态
    return 0;
}
```

软件设计师 模考卷
基础知识卷参考答案/试题解析

（1）**参考答案**：D

试题解析 字长是计算机运算部件一次能同时处理的二进制数据的位数，字长越长，数据的运算精度也就越高，计算机的处理能力就越强。

（2）**参考答案**：C

试题解析 在 UNIX 和 Linux 操作系统中，程序的权限通常使用三位数字来表示，分别为 4（即二进制的 100，表示读权限）、2（即二进制的 010，表示写权限）和 1（即二进制的 001，表示执行权限）。程序的所有者拥有所有权限，表示为 7，即：4+2+1。组成员有读和运行的权限，表示为 5，即：4+1。其他用户只有运行的权限，表示为 1。综上所述该程序的权限为 751。

（3）**参考答案**：D

试题解析 定点纯小数是指"最高位为符号位，小数点紧跟在符号位之后的数"。

对于原码：①当符号位为 0 时，无论小数位有多少位，其最大不可能达到 1，最小为 0；②当符号位为 1 时，无论小数位有多少位，其最小不可能达到-1，最大为 0。

对于反码，表示范围同原码。

而对于补码，根据定义，正数的补码为其本身，负责的补码为非符号位取反再加 1。那么，对于纯定点小数 1.0，则其原码为 1.1（左边的 1 为符号位表示此数为负，右边的 1 表示值），即十进制的-1。可见，只有补码可表示-1。

（4）**参考答案**：C

试题解析 选项 A 指令寄存器保存要执行的指令，选项 B 状态条件寄存器保存状态标志与控制标志，选项 C 程序计数器存储下一条要执行的指令的地址，选项 D 主存地址寄存器用来保存当前 CPU 访问内存单元的地址。

（5）**参考答案**：D

试题解析 寄存器是 CPU 的组成部分。缓存是介于 CPU 与主存之间、为解决 CPU 与内存的存取速度差异的部件。主存一般是指内存，如随机存储器 RAM 或只读存储器 ROM；辅存一般是指外存，包括硬盘、光盘等。

（6）**参考答案**：C

试题解析 循环冗余校验码由信息码 n 位和校验码 k 位构成。k 位校验位拼接在 n 位数据位后面，n+k 为循环冗余校验码的字长。选项 A 指的是海明码。

（7）**参考答案**：A

试题解析 计算机硬件无法直接进行减法运算（CPU 里有加法器没有减法器）。为了进行减法运算，需要把减法运算通过某种方式转换为加法运算。

我们知道，补码的定义为：正数的补码为其本身，负数的补码为非符号位取反再加1。同时我们知道4-3=1。那么计算机怎么通过加法实现这个运算呢？假设我们用4位定点二进制表示算式中的数值，则具体的计算步骤如下：①把4-3看作是4+(-3)；②把4和-3都转换为补码（4的补码为0100；-3的补码为1011）；③直接把两个补码相加得0001，即十进制的+1，这正是我们所要的结果。

（8）**参考答案**：B

试题解析 中断向量表用来保存各个中断源的中断服务程序的入口地址。当外设发出中断请求信号以后，由中断控制器确定其中断号，并根据中断号查找中断向量表来取得其中断服务程序的入口地址。

（9）**参考答案**：C

试题解析 放权等待是指当某个进程不能进入自己的临界区后应该放弃CPU的使用权，以避免该进程进入无意义的忙等状态。资源等待通常指的是一个或多个进程在等待获取某种资源（如CPU、I/O设备等）以便可继续执行其任务的状态。无限等待通常发生在多线程环境下，一个线程可能会持续等待另一个线程。无限等待会引发死锁和饥饿问题，其中死锁是指多个线程互相等待对方释放资源而无法继续执行的情况；饥饿则是指某个线程长时间得不到所需的资源而无法继续执行的情况。定时等待是指线程在指定的时间间隔内等待某个事件或条件的发生，如果在这个时间间隔内事件或条件发生，则线程会继续执行；如果时间间隔到期而事件或条件未发生，线程也会继续执行或采取其他行动。

（10）**参考答案**：B

试题解析 位示图是指用一个bit来表示磁盘中的某个物理块的位置是否已经被占用。磁盘包含的物理块的数量为 $1024G/8M=2^{40}/2^{23}=2^{17}=128K$。而每个物理块的占用情况需要1个bit来表示，因此128K个物理块需128K个bit，即128K/128=1K个字=1024个字。

（11）**参考答案**：C

试题解析 Armstrong 公理的定义是从已知的一些函数依赖，可以推导出另外一些函数依赖，这就需要一系列推理规则，这些规则常被称作"Armstrong 公理"。设关系模式 R(U, F)，U 是关系模式 R 的属性集，F 是 U 上的一组函数依赖，则有以下三条推理规则：

A1 自反律：若 $Y \subseteq X \subseteq U$，则 $X \rightarrow Y$ 为 F 所蕴含。

A2 增广律：若 $X \rightarrow Y$ 为 F 所蕴含，且 $Z \subseteq U$，则 $XZ \rightarrow YZ$ 为 F 所蕴含。

A3 传递律：若 $X \rightarrow Y$，$Y \rightarrow Z$ 为 F 所蕴含，则 $X \rightarrow Z$ 为 F 所蕴含。

根据上面三条推理规则，又可推出下面三条推理规则：

合并规则：若 $X \rightarrow Y$，$X \rightarrow Z$，则 $X \rightarrow YZ$ 为 F 所蕴含。

伪传递规则：若 $X \rightarrow Y$，$WY \rightarrow Z$，则 $XW \rightarrow Z$ 为 F 所蕴含。

分解规则：若 $X \rightarrow Y$，$Z \subseteq Y$，则 $X \rightarrow Z$ 为 F 所蕴含。

（12）**参考答案**：B

试题解析 在系统运行过程中，软件需要维护的原因是多样的，根据维护的原因不同，可以将软件维护分为以下4种。

1）改正性维护：指为了识别和纠正软件错误、改正软件性能上的缺陷、排除实施中的误使用等而应当进行的诊断和改正错误的过程。

2）适应性维护：指在使用过程中，外部环境（新的硬、软件配置）、数据环境（数据库、数据格式、数据输入/输出方式、数据存储介质）可能发生变化，为使软件适应这种变化而去修改软件的过程。

3）改善性维护：指在软件的使用过程中，为了满足用户对软件提出新的功能与性能要求，需要修改或再开发软件，以扩充软件功能、增强软件性能、改进加工效率、提高软件的可维护性进行的维护活动。

4）预防性维护：指预先提高软件的可维护性、可靠性等，为以后进一步改进软件打下良好基础进行的维护。通常，预防性维护可定义为"把今天的方法学用于昨天的系统以满足明天的需要"。也就是说，采用先进的软件工程方法对需要维护的软件或软件中的某一部分（重新）进行设计、编码和测试。

（13）参考答案：B

试题解析　选项 A 路由器工作在网络层。选项 B 以太网交换机工作在数据链路层。选项 C 防火墙可以工作在应用层或传输层。选项 D 集线器工作在物理层。

（14）参考答案：B

试题解析　结构化分析方法采用的是自顶向下逐步分解的思想。

（15）（16）参考答案：B　B

试题解析　关键路径是指起点到终点持续时间最长的路径。图中的关键路径共有 4 条，分别为：A-B-E-H-J-K，A-B-E-F-I-J-K，A-C-E-H-J-K，A-C-E-F-I-J-K，关键路径长度为 55。

（17）参考答案：B

试题解析　执行结果是 y 列表包含了 x 列的所有元素，并在后面追加[4,5,6]这三个元素，结果为[1,2,3,4,5,6]。

（18）参考答案：A

试题解析　节点的度是指节点的直接孩子的数量。叶子节点的度数为 0。
树的边数=所有节点的度数之和=节点的总数-1。设树的叶子节点数为 n，则：
树的边数=所有节点度数之和=5*4+8*3+6*2+10*1=76=5+8+6+10+n-1。
解得：n=38。

（19）参考答案：B

试题解析　HTTP 协议（HyperText Transfer Protocol，超文本传输协议）是用于从 WWW 服务器传输超文本到本地浏览器的传送协议。HTTPS 协议（HyperText Transfer Protocol Secure，安全的超文本传输协议）是在 HTTP 的基础上通过传输加密和身份认证保证了传输过程的安全性。HTML（HyperText Markup Language，超文本标记语言）通过一系列标签将网络上的文档格式统一，使分散的 Internet 资源连接为一个逻辑整体。SMTP 协议（Simple Mail Transfer Protocol，简单邮件传输协议）用于系统之间的邮件信息传递，并提供有关来信的通知。

（20）参考答案：D

试题解析　系统测试的目的在于通过与系统的需求定义做比较，发现软件与系统定义不符合或与之矛盾的地方，以验证软件系统的功能和性能满足指定的要求。

（21）**参考答案**：C

试题解析 瀑布模型为软件的开发和维护提供了一种有效的管理模式，根据这一模式制订开发计划，进行成本预算，组织开发力量，以项目的阶段评审和文档控制为手段有效地对整个开发过程进行指导，所以它是以文档作为驱动的，适合于软件需求很明确的软件项目的模型。

（22）**参考答案**：A

试题解析 简单选择排序的基本思想是：每一趟通过两两比较选出一个最值（升序选出一个最小值，降序选出一个最大值）。对于 n 个元素的序列，第一趟比较 n-1 次，以后每一趟需要比较的次数减 1。

对于序列(49,38,65,97,76,13,27,49)进行非降序排序的前两趟过程如下。

第一趟（目标是选出最小值 13）：49>38，交换位置；38<65，不动；38<97，不动；38<76，不动；38>13，交换位置；13<27，不动；13<49，不动。

第一趟的结果是(13,49,65,97,76,38,27,49)。

第二趟（目标是选出次小值）：13 为全局最小值，不参与本趟比较；49<65，不动；49<97 不动；49<76，不动；49>38，交换位置；38>27，交换位置；27<49，不动。

第二趟的结果是(13,27,65,97,76,49,38,49)。

（23）**参考答案**：B

试题解析 客户端与服务器通过传输层（TCP）的三次握手建立可靠连接。传输层所传输的协议数据单元（Protocol Data Unit，PDU）称为数据段（Segment）。

该 PDU 的基本格式为：源端口和目的端口（各占 2 字节）：用于标识发送和接收数据的端口号；序（列）号（占 4 字节）：用于标识报文段的序号，确保数据的有序传输；确认号（占 4 字节），用于标识期望收到的下一个报文段的序号，并确认数据的正确接收；数据偏移（占 4 字节）：指示 TCP 报文段的首部长度；紧急指针：当紧急指针字段有效时，表明报文段中有紧急数据，需要尽快传送；确认 ACK：仅当 ACK 字段为 1 时，确认号字段才有效；同步 SYN：用于连接建立时的同步序号，SYN=1 且 ACK=0 时表示连接请求；终止 FIN：用于释放连接，当 FIN=1 时，表明发送方的数据已发送完毕；复位 RST：用于重置连接，当 RST=1 时，表示连接被强制关闭。

可见，TCP 的序号是以字节为单位的（如果以位为单位，则表示可以是非整字节，显然 TCP 的序号只能是整字节）。

（24）**参考答案**：C

试题解析 选项 A 二叉排序树又称为二叉查找树，其定义为二叉排序树或者是一棵空二叉树，或者是具有如下性质的二叉树：①若它的左子树非空，则左子树上所有节点的值均小于根节点；②若它的右子树非空，则右子树上所有节点的值均大于根节点；③左、右子树本身又各是一棵二叉排序树。

二叉排序树仅可保证根节点元素大于等于所有左子树元素且小于右子树中的所有元素，但其左右子树的元素数量相差可能非常大。因此，对于有 n 个节点的二叉排序树，不能保证 $\log_2 n$ 次的比较一定能找到任意元素。

而有序表上的二分查找，是从表的中间"序号"开始比较的，查找表中的任意元素，最多只需

$\log_2 n$ 次比较。$\log_2 32=5$，也就是说，有序的顺序表中只要不超过 32 个元素，最多通过 5 次比较就可找到任意元素。

（25）参考答案：C

🔖试题解析　聚合关系是整体与部分之间的关系，属于关联关系的特例。依赖关系指的是一个类会使用另外一个类。泛化关系表示两类事物之间的特殊/一般关系。实现关系指的是接口类与实现类之间的关系。

（26）参考答案：D

🔖试题解析　后缀式也称逆波兰式，在后缀式中，操作符总是放在操作数之后。比如算术表达式 a+c 转换为后缀式为 ac+；b*(ac+)转换后后缀式为 bac+*；bac+*-d 转换为后缀式为 bac+*d-。

（27）参考答案：C

🔖试题解析　解释器是一种计算机程序，它可以直接读取、分析并执行以高级编程语言（如 Python、JavaScript 等）编写的源代码，而无需预先将其转换为机器代码。编译型语言（如 C、C++、Java 等）的源代码首先会被编译成机器代码（或字节码），然后这些代码可以直接在硬件上执行。解释型语言的源代码由于需要解释器一行一行地读取、分析和执行，因此通常会比直接执行机器代码慢。

（28）参考答案：D

🔖试题解析　面向对象测试分为以下层次：①算法层：测试类中定义的每个方法，基本相当于传统软件测试的单元测试；②类层：测试封装在同一个类中的所有方法与属性之间的相互作用；③模板层：测试一组协调工作的类之间的相互作用，大体上相当于传统软件测试中的集成测试；④系统层：把各个子系统组装成完整的面向对象软件系统。

（29）参考答案：D

🔖试题解析　抽象原则强调的是包的抽象程度与其稳定程度一致。稳定依赖原则要求包之间的依赖关系都应该是稳定方向依赖的，即包要依赖的包比自己更具有稳定性。依赖倒置原则强调的是程序应该依赖于抽象接口，而不是具体的实现，从而降低客户与实现模块间的耦合。无环依赖原则明确指出，组件的依赖关系在图中不允许存在环。

（30）参考答案：A

🔖试题解析　SHA（Secure Hash Algorithm），顾名思义，它属于 Hash 算法。DES 和 IDEA 属于对称加密算法。RSA 是非对称加密算法。

（31）参考答案：B

🔖试题解析　多重继承允许一个类从多个基类继承属性和方法。单重继承是最简单的继承形式，其中子类只能从一个基类继承。大多数面向对象的编程语言都支持单重继承。层次继承实际上是一种特殊的单重继承，因为每个类都直接继承自一个基类。面向对象设计支持多重继承、单重继承和层次继承，但不支持分布式继承。

（32）参考答案：C

🔖试题解析　引用目的仅限于介绍、评论某一作品或者说明某一问题。

（33）参考答案：A

🔖试题解析　投影指的是取得关系中符合条件的列组成新的关系。选择指的是取得关系中符合条件的行。关系 R 与 S 的差是由属于 R 但不属于 S 的元组构成的集合。

(34) **参考答案**：B

🔑 **试题解析**　串联系统可靠性公式为：$R=R_1\times R_2\times\cdots\times R_n$。
并联系统可靠性公式为：$R=1-(1-R_1)\times(1-R_2)\times\cdots\times(1-R_n)$。

(35) **参考答案**：C

🔑 **试题解析**　GRANT 是用于授权的一种语句，通过它将数据库中的特定权限授予给用户或角色。
DELETE 语句用于删除数据库中的数据。
REVOKE 语句用于撤销或取消之前授予用户或角色的权限。
DROP 语句通常用于删除数据库、表、视图、索引等对象。

(36) **参考答案**：C

🔑 **试题解析**　由 A[3][3] 的存储地址是 220，且每个元素占两个存储单元，可知 A[3][0] 的存储地址为 220-(3-0)*2=214。再由 A[0][0] 的地址为 100，可知排在 A[3][0] 之前的所有元素个数为 (214-100)/2=57。由于这 57 个元素正好是 3 行，所以每行有 57/3=19 个元素。
而 A[5][5] 为第 6 行的第 6 个元素，因此其地址为：100+5*19*2+5*2=300。

(37) **参考答案**：B

🔑 **试题解析**　Python 中的 finally 块是可选的，但如果存在则总是会被执行，即无论 try 块中的代码是否抛出异常，也无论 except 块是否捕获到异常，finally 块总是会被执行。finally 块通常用于清理资源，如关闭文件、断开数据库连接等。
Python 中，raise 关键字确实用于手动抛出异常。可以抛出一个已有的异常类型，或者自定义异常类型并抛出。
except Exception 可以捕获大多数常见的异常，因为大多数异常类都是 Exception 类的子类。然而，Python 中还有一个更基础的异常类 BaseException，Exception 是它的子类，所以若需要捕获所有异常应使用 BaseException。
Python 没有内置的 switch...case 语句。选择结构通常通过 if...elif...else 语句来实现。

(38) **参考答案**：B

🔑 **试题解析**　在 FAT（File Allocation Table）文件配置表中，文件数据并不是连续存储在磁盘上的，而是被分割成多个部分，每个部分存储在一个簇中。每个簇都有一个唯一的簇号，这些簇号被记录在 FAT 表中。FAT 表的作用就是建立这些簇之间的链接关系，形成一个簇链，以此来表示一个完整的文件。

(39) **参考答案**：D

🔑 **试题解析**　第一范式（1NF）：若关系模式 R 的每一个分量是不可再分的数据项，则关系模式 R 属于第一范式。
第二范式（2NF）：若关系模式 R∈1NF，且每一个非主属性完全依赖主键时，则关系式 R 是 2NF（第二范式）。
第三范式（3NF）：即当 2NF 消除了非主属性对主键的传递函数依赖，则称为 3NF。
4NF 的基本思想是将存在多值依赖关系的属性进行分离，确保每个非主属性都仅与候选键相关，而不是与其他非主属性存在依赖关系。

（40）（41）**参考答案**：C D

🔖**试题解析** 当以太网交换机接收到一个数据帧时，它会查看数据帧的目的 MAC 地址，并将其与交换机内部维护的 MAC 地址表进行比较。根据 MAC 地址表，交换机会确定哪个端口连接着目的 MAC 地址对应的设备，并将数据帧转发到那个端口。以太网交换机属于数据链路层设备，该层的协议数据单元（Protocol Data Unit，PDU）称为帧（Frame）。在发送端，<u>数据链路层</u>把网络层传下来的<u>数据封装成帧</u>，然后发送到链路上去；在接收端，数据链路层把收到的帧中的数据取出并交给<u>网络层</u>。不同的<u>数据链路层</u>协议对应着不同的帧，所以，帧有多种，比如 PPP 帧、MAC 帧等。

（42）**参考答案**：C

🔖**试题解析** 森林的叶子节点是指森林中每一棵树的叶子节点，也可称为终端节点。这些节点没有子节点，即它们的度为 0。

（43）**参考答案**：C

🔖**试题解析** 撞库是指黑客通过收集已泄露的用户和密码信息，尝试批量登录其他网站，以获取可以登录的用户名和密码。

社工库是黑客将泄露的用户数据整合分析，然后集中归档的一个地方。

拖库是指黑客入侵网站后非法窃取数据库文件，即黑客能够获取整个库的用户资料信息，包括用户名、密码、邮箱等。

在成功拖库后，黑客会对获取的数据进行清洗和整理，提取出有价值的信息，如用户的账号、密码、邮箱等。

（44）**参考答案**：D

🔖**试题解析** 虚拟局域网（Virtual Local Area Network，VLAN）的主要目的是将物理网络划分为多个在逻辑上独立的广播域，从而减少不必要的广播流量并提高网络安全性。VLAN 可以限制不同 VLAN 间的通信，从而实现内网互访的隔绝。通过配置 VLAN 间的访问控制，可以阻止不同 VLAN 之间的直接通信。从 VLAN 的设计初衷和功能上来看更多地是关注于内部网络的隔离，而不是隔绝内外网，不过在实际应用中，VLAN 可以结合其他技术（如防火墙等）来实现内外网的隔离。VLAN 并不能直接阻止攻击或漏洞利用，只能算是增加攻击者的攻击难度。

（45）**参考答案**：B

🔖**试题解析** 可以提高软件质量的活动包括需求评审、代码走查和测试。

软件开发是构建软件产品的核心活动。虽然开发过程中会考虑到质量因素，但开发本身并不等同于质量提升，它更多地是实现功能需求和技术要求。

（46）**参考答案**：D

🔖**试题解析** 数据流图的构成要素有数据流、数据加工、外部实体、数据存储。

数据流包含了数据及其流向信息。数据加工描述输入数据流到输出数据流之间的变换，也就是输入数据流经过什么处理后变成了输出数据流。

外部实体由存在于软件系统之外的人员、系统等，它指出系统所需数据的发源地和系统所产生的数据的归宿地。数据存储用来存储数据。

（47）**参考答案**：D

试题解析 异地数据备份是一种有效的数据保护措施，它通过将数据存储在远离主数据中心的地方，以确保在原始数据发生灾难性事件时，备份数据仍然可用。这种备份方法可以防止由于自然灾害、人为错误或恶意攻击等导致的数据丢失，从而保证数据的可靠性。

（48）**参考答案**：D

试题解析 直接内存存取（Direct Memory Access，DMA）主要用于高速外部设备与内存之间批量数据的传输，如磁盘等。

无条件传送的特点是：CPU 总认为外部设备始终处于准备好状态，能够随时通过 I/O 口去读/写外部设备的数据；两次读/写的时间间隔通过延时程序来协调微处理器与外部设备之间的时间差；在 I/O 口与外部设备之间无状态线和控制线的连接。它不适合于管理键盘的 I/O，因为键盘 I/O 需要协调速度，确保输入速度无论输入快还是慢，都能确保输入内容被 CPU 接收。

程序查询需要 CPU 不断查询 I/O 设备的状态，直到设备准备好为止。这种方式会占用大量的 CPU 时间，效率低下。对于键盘输入来说，采用程序查询方式会导致 CPU 频繁地检查键盘状态，造成资源浪费。

中断方式由需要传送的 I/O 设备主动发起。当键盘有按键输入时，会向 CPU 发出中断申请信号。CPU 在完成当前指令后，响应申请，转去执行中断服务程序。这种方式提高了效率，消除了查询方式中的等待时间，CPU 对 I/O 设备的请求响应较快。因此，中断方式非常适合用于管理键盘输入。

（49）**参考答案**：C

试题解析 ping 是一个计算机网络诊断工具，用于测试从一个设备到另一个设备的网络联接是否畅通。当输入"ping"命令并指定一个目标地址（可以是一个 IP 地址或者域名）时，计算机会向目标地址发送一个 ICMP（Internet Control Message Protocol）回显请求数据包。如果目标地址可达，并且没有防火墙或其他网络设备阻止 ICMP 数据包，那么目标设备会回复一个 ICMP 回显应答数据包。

netstat（网络统计）命令用于显示网络联接、路由表、接口统计等网络相关信息。通过 netstat 命令，用户可以查看当前系统上所有的网络联接状态。

ipconfig 命令用于查看和管理网络适配器的配置信息，包括 IP 地址、子网掩码、默认网关、DNS 服务器等。

telnet 是一种基于 telnet 协议的工具软件，使用此工具，用户能够登录到远程计算机上，并执行命令，就好像直接在远程计算机的终端前操作一样。

（50）**参考答案**：D

试题解析 甘特图是一种进度管理工具，能清晰地描述每个任务从何时开始，到何时结束，任务的进展情况（通过自动更新来实现）以及各个任务之间的并行性。但是它不能清晰地反映出各任务之间的依赖关系，难以确定整个项目的关键所在，也不能反映计划中有潜力的部分。

（51）**参考答案**：D

试题解析 根据《中华人民共和国著作权法》第二条的规定，中国公民、法人或者非法人组织的作品，不论是否发表，依照本法都享有著作权。也就是说软件自开发完成起，甲就拥有了著作权，乙的行为侵犯了甲对该程序享有的软件著作权。甲放弃该程序（不继续完善），并不意味着放弃该程序的著作权。

（52）**参考答案**：C

试题解析　新增一个头节点并不需要遍历链表，只需要创建一个新节点，并将其指向原来的首节点即可。

在单向链表中，为了找到链表的尾部并添加一个新节点，确实需要遍历整个链表。但在双向链表或带有尾指针的链表中，添加尾节点则不需要遍历整个链表，可以直接通过尾指针找到链表的尾部。

选项 C 是正确的，不论哪种链表，删除最后一个节点都需要找到倒数第二个节点，并将其与最后一个节点的连接断开。只是在单向链表中，需要遍历整个链表。在双向链表或带有尾指针的链表中，虽然找到尾部更容易，但找到倒数第二个节点仍然需要遍历整个链表。

在链表中删除第一个节点只需要将头指针指向原头节点的下一个节点，并释放原头节点的内存即可，不需要遍历整个链表。

（53）**参考答案**：A

试题解析　软件文档主要是记录软件的设计、功能、使用方式等，并不直接参与软件的运行。因此，软件文档并不能直接提高软件的运行效率。软件的运行效率更多地取决于算法的优化、代码的质量和软件架构等因素。

（54）**参考答案**：D

试题解析　数据库概念结构设计阶段的工作步骤为：①抽象数据：确定需要哪些数据以及它们之间的关系；②设计局部视图：根据抽象出的数据，设计局部视图，这些视图是对特定部分的数据的表示，有助于理解数据的组织和关系；③合并局部视图：将各个局部视图进行合并，消除其中的冲突和冗余，这一步是为了确保数据的一致性和完整性；④修改重构数据：对合并后的数据进行修改和重构，以确保数据的一致性和完整性。

（55）**参考答案**：C

试题解析　语句覆盖是最基本的覆盖标准，它的目标是确保程序中的每一条语句至少被执行一次。然而，语句覆盖并不能保证程序中的所有逻辑路径都被测试到，因此其覆盖程度相对较低。

判定覆盖（又称分支覆盖），这种测试方法要求每个判定的所有可能结果至少出现一次，即每个判断的真假分支都至少被执行一次。

条件覆盖要求设计足够的测试用例，使得运行这些测试用例时，判定中每个条件的所有可能结果至少出现一次。显然，条件覆盖比判定覆盖的覆盖程度更高。

路径覆盖是一种更为严格的测试方法，它要求选取足够多的测试数据，使程序的每条可能路径都至少执行一次。在白盒测试法中，路径覆盖的覆盖程度是最高的，因为它确保了程序中所有可能的路径都被测试到。

（56）**参考答案**：D

试题解析　知识产权具有人身性和财产性的双重属性。人身性是指诸如创作者对其作品享有的署名权、修改权等精神权利；财产性是指权利人可以通过其智力成果获得经济利益。

知识产权的独占性也被称为专有性或排他性，指的是知识产权为权利人所独占，权利人垄断这种专有权利并受到严格保护，没有法律规定或未经权利人许可，任何人不得使用权利人的知识产品。

知识产权的地域性是指知识产权受法律保护的地域范围受到限制，即知识产权只在授予它的国家或地区内有效，具有严格的领土性。

知识产权的实践性可以理解为知识产权能够在实践中被应用、转化并实现其经济价值和社会价值的能力。题干中"知识技术可以同时被多个人使用"指的是实践性的特点。

（57）参考答案：D

试题解析　首先所有选项都是以 b 结尾的，但只有选项 D 中的(a|b)*可以表示由字符 a、b 构成的所有字符串。选项 A 无法表示 aab；选项 B 无法表示 ab，选项 C 不能表示 bab。

（58）参考答案：B

试题解析　编译的过程一般可以划分为词法分析、语法分析、语义分析、中间代码生成、代码优化、目标代码生成。

词法分析阶段：输入源程序，对构成源程序的字符串进行扫描和分解，识别出一个个的单词，删掉无用的信息，报告分析时的错误。

语法分析阶段：语法分析器以单词符号作为输入，分析单词符号是否形成符合语法规则的语法单位，如表达式、赋值、循环等，再按语法规则分析检查每条语句是否有正确的逻辑结构。

语义分析阶段：主要检查源程序是否存在语义错误，并收集类型信息供后面的代码生成阶段使用，如：赋值语句的右端和左端的类型不匹配、表达式的除数是否为零等。

（59）参考答案：A

试题解析　商业风险是指涉及市场、销售、战略等方面的风险。5种主要的商业风险如下：①市场风险：如开发了一个没有人真正需要的优良产品或系统；②策略风险：如开发的产品不再符合公司的整体商业策略；③销售风险：如开发了一个销售部门不知道如何去销售的产品；④管理风险：由于重点的转移或人员的变动而失去了高级管理层的支持；⑤预算风险：如没有得到预算或人员的保证。

项目风险是指预算、进度、人员（聘用职员及组织）、资源、利益相关者、需求等方面的潜在问题以及它们对软件项目的影响。项目复杂度、规模及结构不确定性也属于项目风险因素。

开发风险通常与技术实现、代码质量、系统性能等相关。

人员风险主要涉及与项目团队成员相关的问题，如团队的不稳定、关键人员的流失、技能不足或团队协作问题等。

（60）（61）参考答案：D　C

试题解析　命令模式：将一个请求封装为一个对象，从而可对客户进行参数化。

责任链：使多个对象都有机会处理请求，从而避免请求的发送者和接收者之间的耦合关系。将这些对象连成一条链，并沿着这条链传递该请求，直到有一个对象处理它为止。

观察者模式：定义对象间的一种一对多的依赖关系，当一个对象的状态发生改变时，所有依赖于它的对象都得到通知并被自动更新。

策略模式：定义一系列的算法，把每一个算法封装起来，且它们可互相替换。本模式使得算法可独立于使用它的客户而变化。

（62）（63）参考答案：A　A

试题解析　建造者模式（生成器模式）：将一个复杂对象的构建与它的表示分离，使得同样的构建过程可以创建不同的表示。建造者模式将部件和其组装过程分开,一步一步创建一个复杂的对象。

工厂方法:也称为虚拟构造器模式,它定义一个用于创建对象的接口,让子类决定实例化哪一个类,使一个类的实例化延迟到其子类。

原型模式:用原型实例指定创建对象的种类,并且通过复制这些原型创建新的对象。

单例模式:单例模式确保某一个类只有一个实例,而且自行实例化并向整个系统提供这个实例,这个类称为单例类,它提供全局访问的方法。

(64)**参考答案**:C

试题解析 对图进行广度优先遍历(Breadth First Search,BFS)的基本思想是从一个起始节点开始,访问其所有邻近节点,然后再按照相同的方式访问这些邻近节点的邻近节点,直到访问完所有节点。可见,这种遍历方式的特点是遇到的节点先遍历,即先进先出,因此宜使用队列数据结构。

(65)**参考答案**:A

试题解析 中序遍历的方式是"左根右",后序遍历是"左右根"。在每个非叶子节点都只有左子树的情况下,中序遍历会首先遍历左子树,然后访问根节点,由于没有右子树,所以遍历结束。而后序遍历也会首先遍历左子树,然后由于没有右子树,它会直接访问根节点。可见,在没有右子树的情况下,这两种遍历的结果是相同的。

(66)**参考答案**:D

试题解析 基本表对应的是概念视图,是数据库中全体数据的逻辑结构和特征的描述,是所有用户的公共数据视图。存储文件是数据库在物理存储上的表现形式,描述了数据在数据库内部的表示方式,即内部视图。视图是数据库中的一个虚拟表,其内容由查询定义,它对应于某一应用或用户能看到的数据的逻辑表示,即用户视图。

(67)**参考答案**:A

试题解析 在利用报文摘要算法生成报文摘要的主要目的是确保数据的完整性和未被篡改。这种算法通过为数据生成一个简短的固定长度的摘要(也称为"哈希值"或"散列值")来实现这一目标。接收方可以使用同样的算法对接收到的数据计算摘要,并将其与发送方提供的摘要进行比较。如果两者匹配,那么接收方可以确信数据在传输过程中没有被修改。

(68)**参考答案**:C

试题解析 一端进另一端出即先进先出,这是典型的队列的特点;一端进同一端出,即先进后出(或后进先出),这是典型的栈的特点。可见,题干给出的数据结构既有队列的特征又有栈的特征。

a 从一端入队,b、c、d 依次从另一端入队,再依次从 d 端出队的结果就是 dbac。a、b 从一端入队,c 从另一端入队,d 再从 b 端入队,则依次从 c 端出队的结果就是 cabd。a、b 从两端入队,c、d 再次从 a 端入队。则依次从 b 端出队的结果就是 bacd。因此不能得到的出队序列是 C 选项的 acdb。

(69)(70)**参考答案**:C D

试题解析 155.32.80.192/26 表示 32 位长度的 IP 地址中,前 26 位是网络前缀,后 6 位是主机号，因此包括的主机地址个数为 $2^6-2=62$，主机地址范围为 155.32.80.193～155.32.80.254，显然 155.32.80.191 不属于这个范围。

（71）（72）（73）（74）（75）**参考答案**：B　C　A　A　D

试题翻译　在系统分析阶段，需要确定如何组织、存储和管理数据。__（71）__ 是用于组织、存储和管理数据的一个框架。每个文件或表中包含了关于人物、地点、事物和事件的数据。文件处理场景中存在的潜在问题之一是 __（72）__，这意味着两个或多个信息系统中相同的数据被存储在多个不同位置。在关系数据库管理系统（DBMS）中，相互关联的表格形成的统一的数据结构，可以大大提升数据质量和访问速度。__（73）__ 是一个模型，显示了系统实体之间的逻辑关系和交互。它提供了一个系统的全局视图和用于创建物理数据结构的蓝图。__（74）__ 是通过为数据库中的每个表分配特定的字段或属性来创建表设计的过程。表设计是在特定表或文件中确定字段并标识主关键字。三种范式形成了一个递进，其中 __（75）__ 代表了最好的设计，大部分与业务相关的数据库必须设计成这种形式。

（71）A．数据实体　　　　B．数据结构　　　　C．文件集合　　　　D．数据定义
（72）A．数据完整性　　　B．刚性数据结构　　C．数据冗余　　　　D．对对多的联系
（73）A．实体-联系图　　 B．数据字典　　　　C．数据库模式　　　D．物理数据模型
（74）A．规范化　　　　　B．复制　　　　　　C．分区　　　　　　D．优化
（75）A．标准符号形式　　B．第一范式　　　　C．第二范式　　　　D．第三范式

软件设计师 模考卷
应用技术卷参考答案/试题解析

试题一 参考答案/试题解析

【问题 1】参考答案
E1：客户
E2：供应商
试题解析
外部实体是指系统之外的人、组织或其他系统，它们与系统进行数据交互。在数据流图中，外部实体用矩形表示，并标注实体的名称。E1 与 E2 都是外部实体。

【问题 2】参考答案
D1：销售订单表
D2：库存表
D3：生产计划表
D4：配方表
D5：采购订单表
试题解析
数据存储是指系统中用于存储数据的地方，例如数据库、文件等。在数据流图中，数据存储一般用字母 D 表示，其符号为一边开口的矩形。

【问题 3】参考答案
数据流名称：支付细节；起点：财务管理；终点：E2。
数据流名称：销售订单；起点：销售订单表；终点：5 运送。
数据流名称：生产计划；起点：D3；终点：3 生产。
数据流名称：库存量；起点：D2；终点：4 采购。
数据流名称：原材料数量；起点：4 采购；终点：D2。
数据流名称：未完成订单；起点：销售订单表；终点：7 存储。
试题解析
找丢失的数据流，可考虑以"加工"为纲，把图中的每个"加工"与题干中对应功能模块中的描述逐个进行比对。

试题二　参考答案/试题解析

【问题 1】参考答案

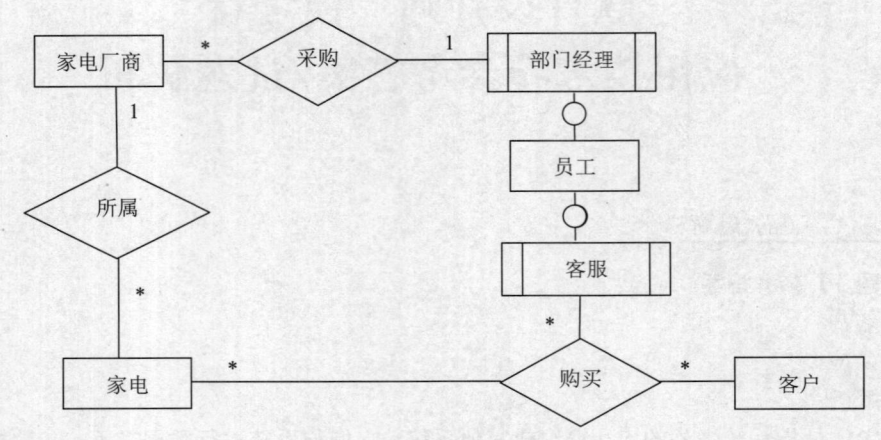

(E-R 图：家电厂商 —*— 采购 —1— 部门经理；部门经理—员工—客服；家电厂商 —1— 所属 —*— 家电；家电 —*— 购买 —*— 客户；客服与购买相连)

试题解析

E-R 图中的要素主要包括实体、联系、联系类型和属性。因此，补充 E-R 图，可依据这些要素依次进行检查，如缺不缺实体，缺不缺联系，缺不缺属性，缺不缺联系类型。

【问题 2】参考答案

（1）厂商 ID　　　　　　　　　　　（2）工号
（3）家电条码，客户 ID，工号
家电关系的主键：家电条码。
家电厂商关系的主键：厂商 ID。
购买关系的主键：订购单号。

【问题 3】参考答案

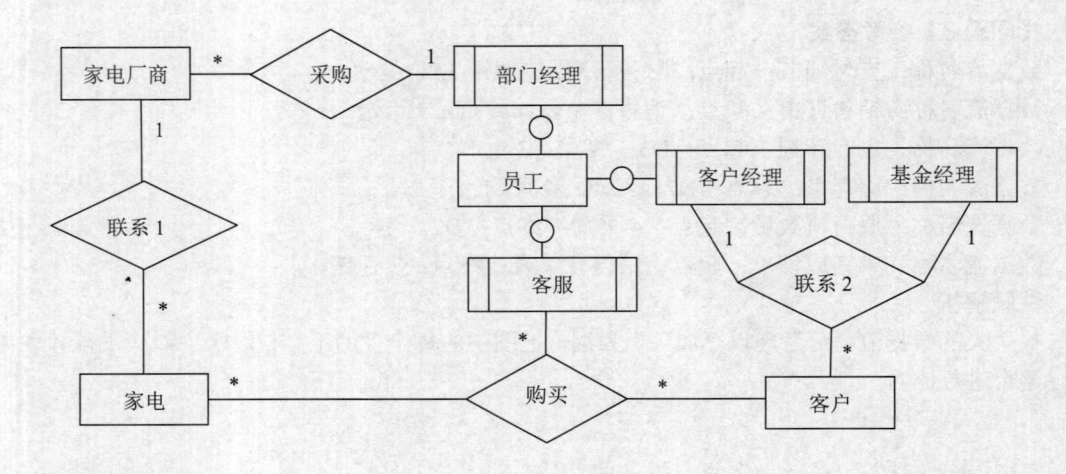

(E-R 图：家电厂商 —*— 采购 —1— 部门经理；部门经理—员工—客服；员工—客户经理；客户经理—1—联系2—1—基金经理；家电厂商 —1— 联系1 —*— 家电；家电 —*— 购买 —*— 客户)

试题三 参考答案/试题解析

【问题 1】参考答案

（1）将（待购买）出版物添加到购物车　　（2）结账
（3）选择收货地址　　（4）选择付款方式

试题解析

用例（Use Case）是一种通过用户的使用场景来获取需求的技术，主要用于描述系统如何与最终用户或其他系统互动，以实现特定的业务目标。用例的核心是以参与者为中心，描述参与者可以做什么，而不是系统如何执行某个功能。用例的几个特征包括：相对独立、执行结果对参与者来说是可观测和有意义的、必须由一个参与者发起、以动宾短语形式出现。

【问题 2】参考答案

"添加新地址"的扩展条件：地址信息为空。
"添加新付款方式"的扩展条件：付款方式信息为空。

【问题 3】参考答案

（1）出版物目录　　（2）待购买的出版物
（3）出版物　　（4）论文
（5）学术报告　　（6）讲座资料
（7）订单

注：空（4）～（6）答案次序可以互换。

试题解析

类图是一种静态视图，用于描述系统模型的静态结构，特别是类、类的内部结构以及它们与其他类的关系。

试题四 参考答案/试题解析

【问题 1】参考答案

（1）x[i-1]= =y[j-1]　　（2）max=c[i][j]
（3）c[i][j]=0　　（4）i=maxi-max

【问题 2】参考答案

（5）动态规划　　（6）O(mn)

试题解析

动态规划算法是一种用于解决最优化问题的算法，其核心思想是将复杂问题分解为更小的子问题，并利用这些子问题的解来构造原问题的解。

动态规划算法的基本步骤为：①定义状态：确定原问题的最优解与哪些子问题的解相关；②确定状态转移方程：找出原问题的最优解如何通过子问题的解来表达；③计算顺序：确定计算子问题解的顺序，确保在求解任一子问题时，其所有子问题的解已经计算完毕；④避免重复计算：利用数组或哈希表存储已经计算过的子问题的解，避免重复计算。

本题中，代码的时间复杂度等于最多层循环各层计数的乘积。

【问题3】参考答案

（7）AB

试题解析

根据题干和 C 代码，两个字符串与数组 c 中各个值的对应关系见下表。

二维数组 c

		B 0	B 1	D 2	C 3	A 4	B 5	A 6
	0	0	0	0	0	0	0	0
A	1	0	0	0	0	1	0	1
B	2	0	1	0	0	0	2	0
C	3	0	0	0	1	0	0	0
A	4	0	0	0	0	2	0	1
D	5	0	0	1	0	0	0	0
A	6	0	0	0	0	1	0	1
B	7	0	1	0	0	0	2	0

可知，其中最大值为 2。在计算过程中，我们记录第一个最大值，即表中阴影部分元素，因此得到最长公共子串为 AB。

试题五　参考答案

（1）implements　　　　　　（2）context.setState(this)

（3）private　　　　　　　　（4）this.state

（5）stopState.doAction(context)

试题解析

状态模式通过将对象的行为封装在不同的状态类中，使得对象在不同状态下表现出不同的行为。本模式的主要组件包括：①**环境（Context）**：持有状态对象的引用，并在状态变化时委托当前状态对象执行相应的操作；②**状态（State）接口**：定义所有具体状态类需要实现的方法；③**具体状态类**：实现状态接口，封装与特定状态相关的行为。

试题六　参考答案

（1）doAction(Context* context)= 0　　（2）this->state

（3）context->setState(this)　　　　　（4）startState

（5）stopState